建筑施工图识读与钢筋翻样

JIANZHU SHIGONGTU SHIDU YU GANGJIN FANYANG

主　编: 张细权 吴　锐

主　审: 危道军 王延该

内 容 提 要

本书依据现行规范、标准和制图规则编写。第一篇的主要内容为建筑施工图识读的基本知识，建筑施工图的组成与识读；第二篇的主要内容为钢筋混凝土结构施工图识读的基本常识，结构施工图的组成与识读；第三篇的主要内容为钢筋混凝土结构中的钢筋加工尺寸、下料长度计算。通过对本书的学习可掌握建筑施工图识读的原理和方法，可具备钢筋翻样的基本技能。

本书适于土建类高职高专院校、成人高校、中等职业技术学校及继续教育学院使用，也可作为现场施工、管理技术人员的培训教材。

图书在版编目（CIP）数据

建筑施工图识读与钢筋翻样/张细权，吴锐主编.
—北京：人民交通出版社，2010.5
ISBN 978-7-114-07379-3

Ⅰ.建… Ⅱ.①张…②吴… Ⅲ.①建筑制图-识图法
②建筑工程-钢筋-工程施工 Ⅳ.TU204 TU755.3

中国版本图书馆 CIP 数据核字（2010）第 043667 号

书　　名：建筑施工图识读与钢筋翻样
著 作 者：张细权
责任编辑：刘彩云
出版发行：人民交通出版社
地　　址：(100011) 北京市朝阳区安定门外外馆斜街 3 号
网　　址：http://www.ccpress.com.cn
销售电话：(010) 59757973
总 经 销：人民交通出版社发行部
经　　销：各地新华书店
印　　刷：北京鑫正大印刷有限公司
开　　本：787 × 1092　1/16
印　　张：9
字　　数：216 千
版　　次：2010 年 5 月　第 1 版
印　　次：2014 年 11 月　第 6 次印刷
书　　号：ISBN 978-7-114-07379-3
印　　数：11001 – 13000 册
定　　价：56.00 元
（有印刷、装订质量问题的图书由本社负责调换）

前　　言

建筑施工图是工程技术人员交流的“语言”，它表达了建筑、结构的主要内容，是施工的主要技术文件，通过对本书的学习可达到快速识读建筑施工图的目的，这是现场施工人员必须具备的技能之一；钢筋正确翻样不仅可提高工效、节约钢筋，而且能很好地控制主体结构的施工质量，这也是现场施工人员必须具备的技能。本书结合工程实例进行讲解，具有实用性和指导性。

本书依据现行规范、标准和制图规则编写。第一篇的主要内容为建筑施工图识读的基本知识，建筑施工图的组成与识读；第二篇的主要内容为钢筋混凝土结构施工图识读的基本常识，结构施工图的组成与识读；第三篇的主要内容为钢筋混凝土结构中的钢筋加工尺寸、下料长度计算。

本书由张细权、吴锐主编。第一篇第一章建筑施工图的基本知识由南学平编写；第二篇第一章钢筋混凝土结构施工图识读的基本知识由吴锐编写；第一篇第二章建筑施工图的组成与识读，第二篇第二章结构施工图的组成与识读及第三篇钢筋混凝土结构中的钢筋加工尺寸、下料长度计算由张细权编写。全书由张细权统稿并定稿。光盘（PPT）由吴锐、张细权主编。本书由湖北城市建设职业技术学院危道军、王延该担任主审。

本书在编写过程中，得到了多方面的支持，在此表示衷心感谢！并对为本书付出辛苦劳动的编辑同志表示衷心的感谢！

限于水平，错误之处在所难免，恳请读者批评指正！

张细权

2010 年 4 月 8 日

目　　录

第一篇

建筑施工图识读

教学楼
24.60
24.00
23.85
实验楼
27.60
商业网点
24.20
23.70
23.55
实验楼
27.10
23.80
25.50
教学楼
26.60
拟建教学楼
23.100
26.00
26.60
27.200

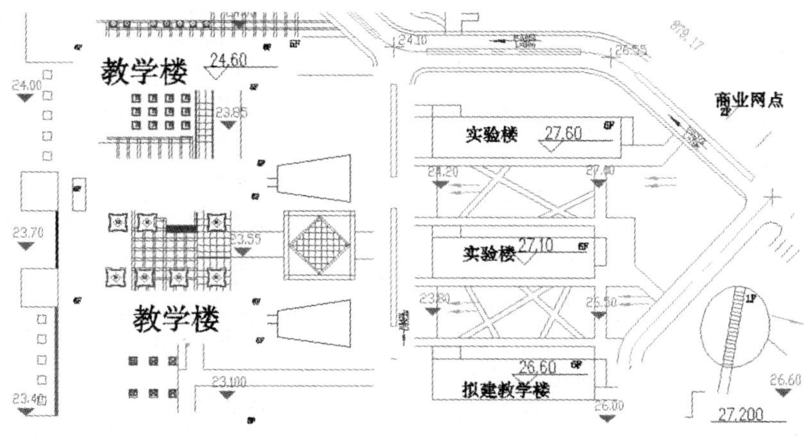

第一章 建筑施工图的基本知识

第一节 建筑施工图有关名词简介

 图线

在工程制图中，应根据图纸的内容，选用不同的线形和不同粗细的图线。图线的宽度 b，宜从下列线宽系列中选取：2.0mm、1.4mm、1.0mm、0.7mm、0.5mm、0.35mm。每个图纸，应根据复杂程度与比例大小，先选定基本线宽 b，再选用表 1-1-1 中相应的线宽组。

线宽组（单位：mm）　　表 1-1-1

线宽比	线宽组					
b	2.0	1.4	1.0	0.7	0.5	0.35
$0.5b$	1.0	0.7	0.5	0.35	0.25	0.18
$0.25b$	0.5	0.35	0.25	0.18	—	—

注：1. 需要微缩的图纸，不宜采用 0.18mm 及更细的线宽。
2. 同一张图纸内，各不同线宽中的细线，可统一采用较细的线宽组的线条。

土建图纸的图形线形有实线、虚线、点画线、双点画线、折断线、波浪线等。除了折断线和波浪线外，其他每种线形又都有粗、中、细三种不同的线宽，工程建设制图应选用如表 1-1-2 所示的图线。

图线的种类及用途　　表 1-1-2

名称		线形	线宽	一般用途
实线	粗	———	b	主要可见轮廓线
	中	———	$0.5b$	可见轮廓线
	细	———	$0.25b$	可见轮廓线、图例线
虚线	粗	- - - - - -	b	见各有关专业制图标准
	中	- - - - - -	$0.5b$	不可见轮廓线
	细	- - - - - -	$0.25b$	不可见轮廓线、图例线

续上表

名称		线形	线宽	一般用途
单点长画线	粗		b	见各有关专业制图标准
	中		$0.5b$	见各有关专业制图标准
	细		$0.25b$	中心线、对称线等
双点长画线	粗		b	见各有关专业制图标准
	中		$0.5b$	见各有关专业制图标准
	细		$0.25b$	假想轮廓线、成型前原始轮廓线
折断线			$0.25b$	断开界限
波浪线			$0.25b$	断开界限

同一张纸内，相同比例的各图，应选用相同的线宽组。图纸的图框和标题栏线可采用表1-1-3的线宽。

图框线、标题栏线的宽度（单位：mm） 表1-1-3

幅面代号	图框线	标题栏外框线	标题栏分隔线、会签栏线
A0、A1	1.4	0.7	0.35
A2、A3、A4	1.0	0.7	0.35

同时，图线的绘制还应注意以下几点：

(1) 相互平行的图线，其间隙不宜小于其中的粗线宽度，且不宜小于0.7mm。

(2) 虚线、单点长画线或双点长画线的线段长度和间隔，宜各自相等。

(3) 单点长画线或双点长画线，当在较小图形中绘制有困难时，可用实线代替。

(4) 单点长画线或双点长画线的两端，不应是点。点画线与点画线交接或点画线与其他图线交接时，应是线段交接。

(5) 虚线与虚线交接或虚线与其他图线交接时，应是线段交接。虚线为实线的延长线时，不得与实线连接。

(6) 图线不得与文字、数字或符号重叠、混淆，不可避免时，应首先保证文字等的清晰。

二 字体

图纸上所需书写的文字、数字或符号等，均应笔画清晰、字体端正、排列整齐；标点符号应清晰正确；文字的字高，应从如下系列中选用：3.5mm、5mm、7mm、10mm、14mm、20mm；如需书写更大的字，其高度应按$\sqrt{2}$的比值递增。

图纸及说明中的汉字，宜采用长仿宋体，宽度与高度的关系应符合表1-1-4的规定。大标题、图册封面、地形图的汉字，也可书写成其他字体，但应易于辨认。

长仿宋体字高宽关系（单位：mm） 表1-1-4

字高	20	14	10	7	5	3.5
字宽	14	10	7	5	3.5	2.5

汉字的简化字书写，必须符合国务院公布的《汉字简化方案》和有关规定。

 比例

图纸的比例，应为图形与实物相对应的线性尺寸之比。比例的大小，是指其比值的大小，如1:50大于1:100。比例的符号为“:”，比例应以阿拉伯数字表示，如1:10、1:30、1:200等。比例宜注写在图名的右侧，字的基准线应取平；比例的字高，宜比图名的字高小一号或二号，如图1-1-1所示。绘图所用的比例，应根据图纸的用途与被绘对象的复杂程度选用，并应优先选用表中常用比例。一般情况下，一个图纸应选用一种比例。根据专业制图的需要，同一图纸可选用两种比例。特殊情况下也可自选比例，这时除应注出绘图比例外，还必须在适当位置绘制出相应的比例尺。

底层平面图 1:100　　　 1:30

图 1-1-1　比例的注写

四 符号

（一）剖切符号

1. 剖视的剖切符号规定

（1）剖视的剖切符号应由剖切位置线及投射方向线组成，均应以粗实线绘制。剖切位置线的长度，宜为6～10mm；投射方向线应垂直于剖切位置线，长度应短于剖切位置线，宜为4～6mm（图1-1-2）。绘制时，剖视的剖切符号不应与其他图线相接触。

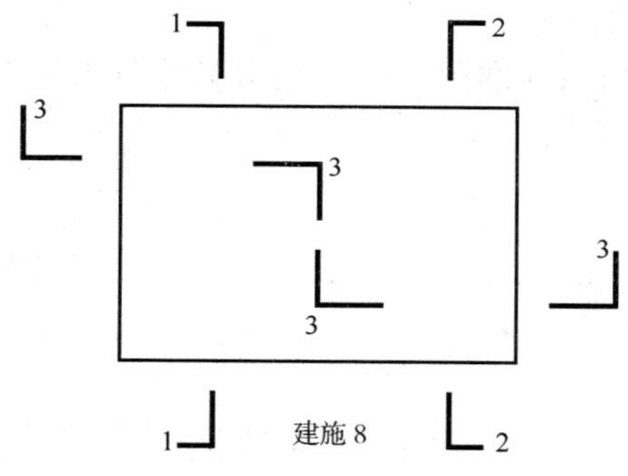

图 1-1-2　剖视的剖切符号

（2）剖视剖切符号的编号宜采用阿拉伯数字，按顺序由左至右、由下至上连续编排，并应注写在剖视方向线的端部。

（3）需要转折的剖切位置线，应在转角的外侧加注与该符号相同的编号。

（4）建（构）筑物剖面图的剖切符号宜注在±0.000标高的平面图上。

2. 断面的剖切符号规定

（1）断面的剖切符号应只用剖切位置线表示，并应以粗实线绘制，长度宜为6～10mm。

（2）断面剖切符号的编号宜采用阿拉伯数字，按顺序连续编排，并应注写在剖切位置

线的一侧。编号所在的一侧应为该断面的剖视方向（图 1-1-3）。

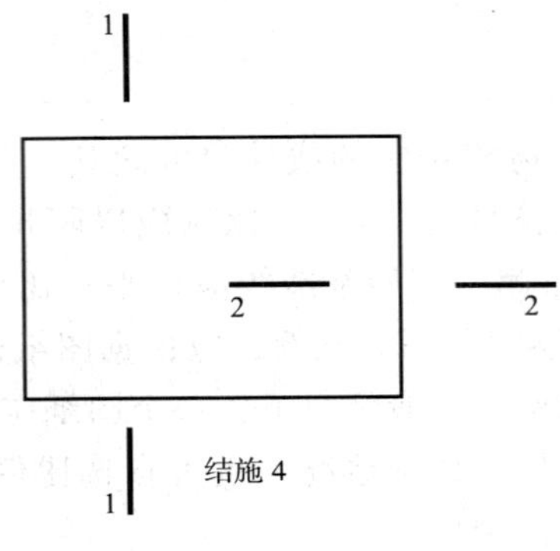

图 1-1-3　断面剖切符号

（3）剖面图或断面图，如与被剖切图纸不在同一张图内，可在剖切位置线的另一侧注明其所在图纸的编号，也可以在图上集中说明。

（二）索引符号与详图符号

图纸中的某一局部或构件，如需另见详图，应以索引符号索引（图 1-1-4a）。索引符号是由直径为 10mm 的圆和水平直径组成，圆及水平直径均应以细实线绘制。索引符号应按下列规定编写：

（1）索引出的详图如与被索引的图在一张纸内，应在索引符号的上半圆中用阿拉伯数字注明该详图的编号，并在下半圆中间画一段水平细实线（图 1-1-4b）。

（2）索引出的详图如与被索引图不在一张纸内，应在索引符号的上半圆中用阿拉伯数字注明该详图的编号，在索引符号的下半圆中用阿拉伯数字注明该详图所在图纸的编号（图 1-1-4c）。数字较多时，可加文字标注。

（3）索引出的详图，如采用标准图，应在被索引符号水平直径的延长线上加注该标准图册的编号（图 1-1-4d）。

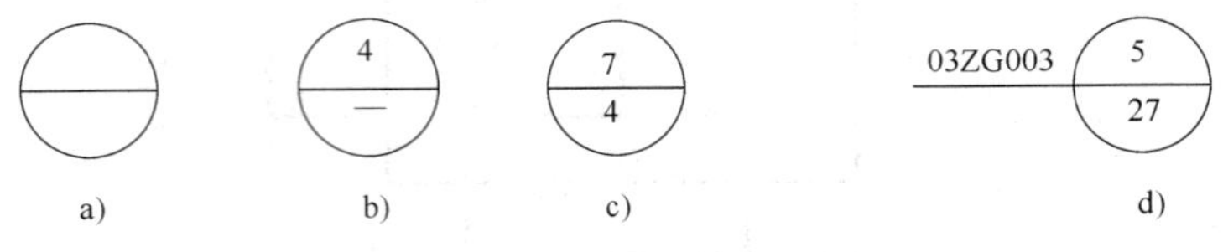

图 1-1-4　索引符号

索引符号如用于索引剖视详图，应在被剖切的部位绘制剖切位置线，并引出索引符号，引出线所在的一侧应为投射方向。索引符号的编写同前述剖切符号第 1 条的规定（图 1-1-5）。

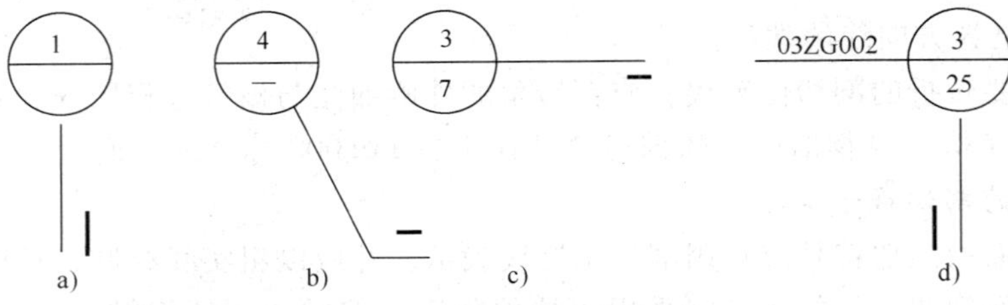

图 1-1-5　用于索引剖切详图的索引符号

零件、钢筋、杆件、设备等的编号，以直径为4～6mm（同一图纸应保持一致）的细实线圆表示，其编号应用阿拉伯数字按顺序编写（图1-1-6）。

详图的位置及编号，应以详图符号表示。详图符号的圆应以直径为14mm的粗实线绘制，详图应按下列规定编号：

（1）详图与被索引的图同在一张图纸内时，应在详图符号内用阿拉伯数字注明详图的编号（图1-1-7）。

（2）详图与被索引的图不在同一张图纸内，应用细实线在详图符号内画一水平直径，在上半圆中注明详图编号，在下半圆中注明被索引的图纸的编号（图1-1-8）。

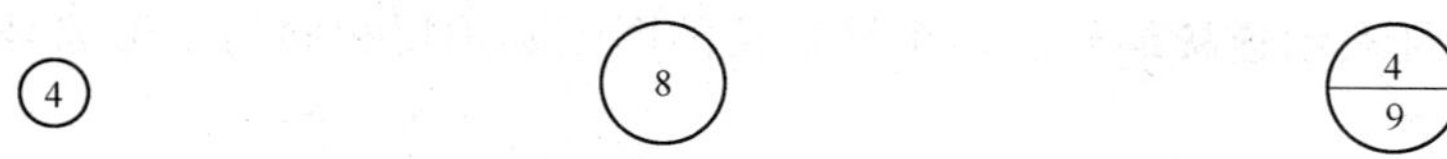

图1-1-6　零件、钢筋等编号　　图1-1-7　与被索引图纸同在一张图纸内的详图符号　　图1-1-8　与被索引图纸不在一张图纸内的详图符号

（三）引出线

（1）引出线应以细实线绘制，宜采用水平方向的直线与水平方向成30°、45°、60°、90°的直线，或经上述角度再折为水平线。文字说明宜注写在水平的上方（图1-1-9a），也可注写在水平线的端部（图1-1-9b）。索引详图的引出线，应与水平直径线相连接（图1-1-9c）。

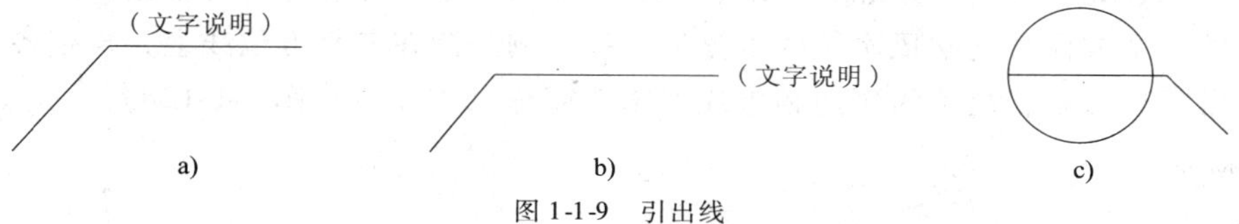

图1-1-9　引出线

（2）同时引出几个相同部分的引出线，宜互相平行（图1-1-10a），也可画成集中于一放射线（图1-1-10b）。

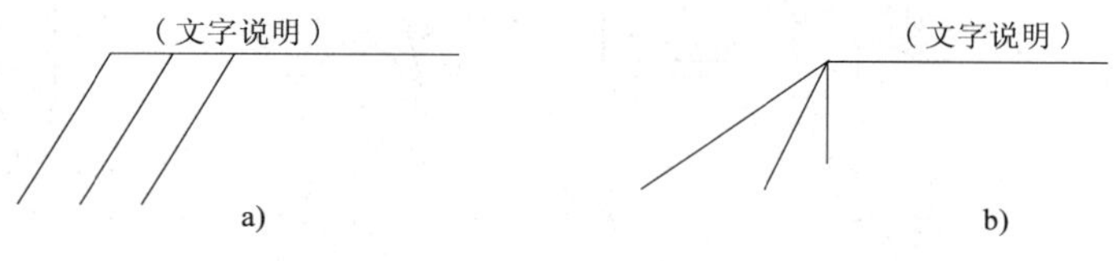

图1-1-10　共同引出线

（3）多层构造或多层管道共用引出线，应通过被引出的各层。文字说明宜注写在水平线上方，或注写在水平线的端部。说明的顺序应由上至下，并应与被说明的层次相互一致；如层次为横向排序，则由上至下的说明顺序应与由左至右的层次相互一致（图1-1-11）。

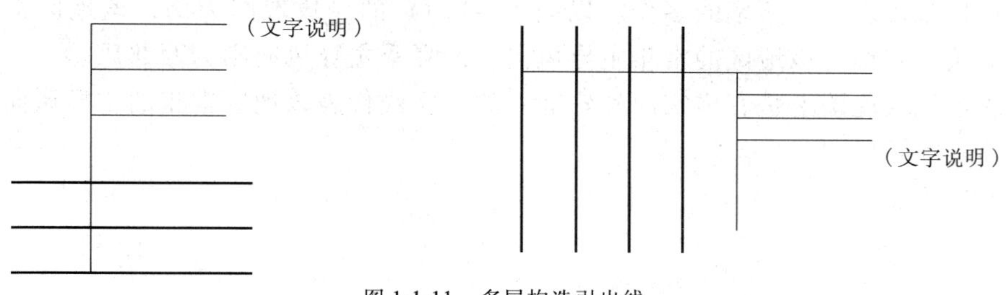

图1-1-11　多层构造引出线

(四) 其他符号

1. 对称符号

对称符号由对称线和两端的两对平行线组成。对称线用细点画线绘制；平行线用细实线绘制，其长度宜为 6 ~ 10mm，每对的间距为 2 ~ 3mm；对称线垂直平分两对平行线，两端超出平行线宜为 2 ~ 3mm（图 1-1-12a）。

2. 连接符号

连接符号应以折断线表示需连接的部位。两部位相距过远时，折断线两端靠图纸一侧应标注大写拉丁字母表示连接编号。两个被连接的图纸必须用相同的字母编号（图 1-1-12b）。

3. 指北针

通常在首层建筑平面图上，为了表示该建筑物的朝向，一般都绘有指北针，其形状如图 1-1-12c）所示。其圆的直径宜为 24mm，用细实线绘制，指针尾部的宽度宜为 3mm，需要较大直径绘制指北针时，指针尾部宽度宜为直径的 1/8。有时也有别的画法，但在指针尖头部应注明“北”字。如为对外工程，或进口图纸，则用“N”字表示。

4. 风玫瑰图

一般在建筑总平面图上常用风玫瑰图表示该地区常年的风向频率。它是以十字坐标先定出东、西、南、北、东南、东北、西南、西北等十六个罗盘方位后，再根据该地区气象部门多年统计的各个方向平均吹风次数的百分值，按比例绘制在各个方位线上，再把各个点连接起来，通常呈玫瑰状，故称为风向频率玫瑰图，简称风玫瑰图（图 1-1-12d）。

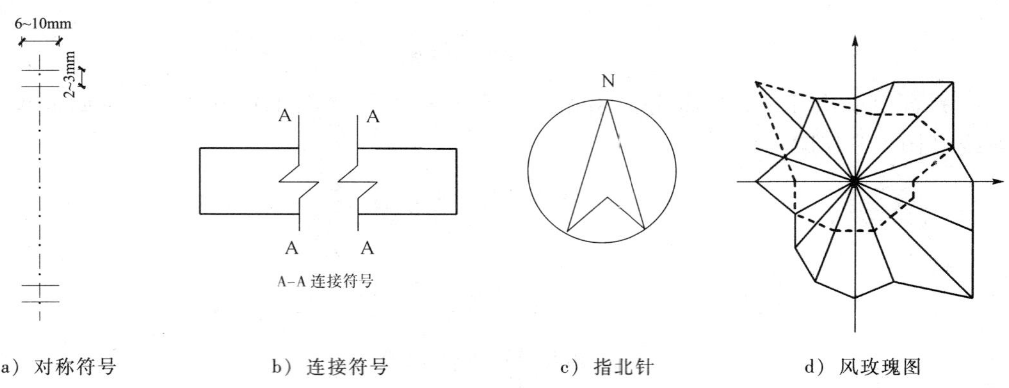

a）对称符号　b）连接符号　c）指北针　d）风玫瑰图

图 1-1-12　其他符号

图上十字坐标中心就代表该地区中心，图上所表示的吹向是指从外面的四面八方吹向地区中心，其长短代表吹风频率的多少。以图 1-1-12d）的风玫瑰图为例，该地区常年的最频风向是东南风，它称为该地区的常年主导风向，而夏季主导风向则为西北风。

必须注意风玫瑰图上是有虚实两种轮廓线的，实线代表该地区常年的主导风向，而虚线则代表夏季的主导风向。

其他未尽符号略。

第二节　定位轴线与尺寸标注

一 定位轴线

定位轴线是表示各类工业与民用建筑的主要承重构件或墙体位置及其标志尺寸的基线，也是建筑工地中施工放线的依据。在图纸上，定位轴线应用细实线绘制，一般应编号，并把它注写在轴线端部的圆内。圆也应用细实线绘制，直径应为 8 ~ 10mm，其圆心应在定位轴线的延长线或延长线的折线上。

平面图上定位轴线的编号宜标注在图纸的下方和左侧。横向编号应用阿拉伯数字从左至右顺序编写；竖向编号应用大写拉丁字母，从下至上顺序编写(图 1-1-13)。

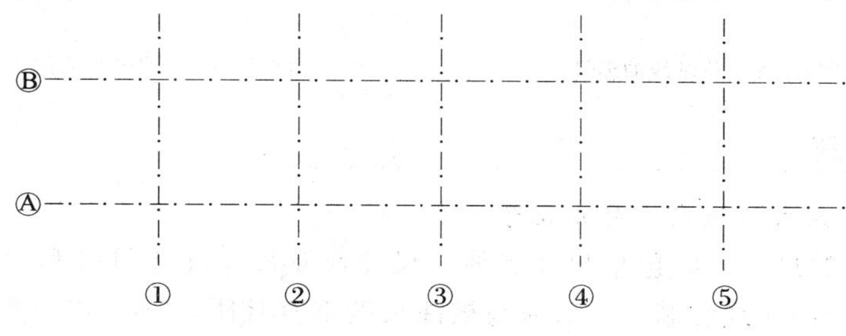

图 1-1-13　定位轴线的编号顺序

同时，还应注意到拉丁字母中的 I、O、Z 不得用于轴线编号，以免和 1、0、2 混淆。如字母数量不够时，可增用双字母或单字母加数字注脚，如 A_A、B_B、…、Y_Y 或 A_1、B_1、…、Y_1 等。

附加轴线的编号应以分数形式表示，并应按下列规定编写：

(1) 两根轴线之间的附加轴线，应以分母表示前一根轴线的编号，分子则表示附加轴线的编号，编号宜用阿拉伯数字编写，如：(1/2)表示 2 号轴线之后附加的第一根轴线，(1/C)表示 C 号轴线之后附加的第一根轴线。

(2) 1 号轴线或 A 号轴线之前的附加轴线的分母应以 01 或 0A 分别表示，如：(2/01)表示 1 号轴线之前附加的第二根轴线，(1/0A)表示 A 号轴线之前附加的第一根轴线。

当一个详图适用于几根定位轴线时，应同时注明各有关轴线的编号（图 1-1-14），而通用详图中的定位轴线，应只画圆，不注写其轴线编号。

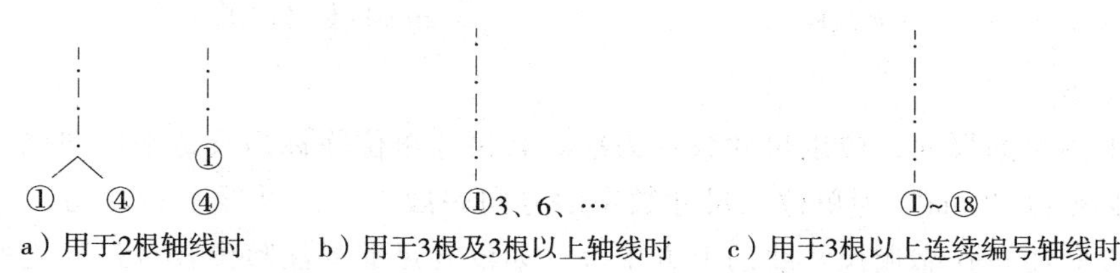

图 1-1-14　详图的轴线编号

对于圆形平面图中定位轴线的编号（图 1-1-15），其径向轴线宜用阿拉伯数字表示；其圆周轴线宜用大写拉丁字母表示，从外向内顺序编写。

对于折线形平面图中定位轴线的编号，可按图 1-1-16 的形式编写。

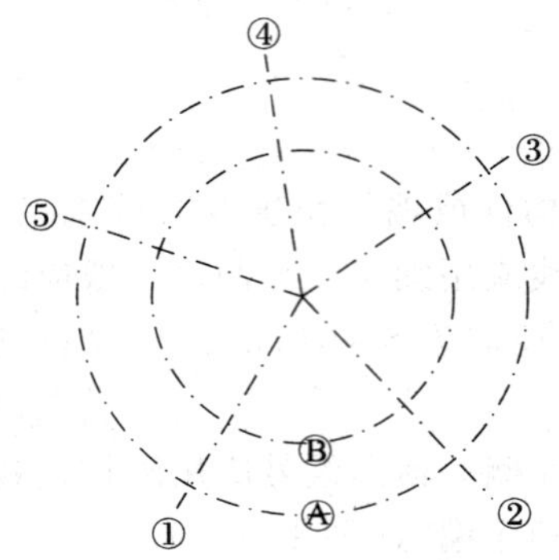

图 1-1-15　圆形平面定位轴线的编号

图 1-1-16　折线形平面定位轴线的编号

尺寸标注

1. 尺寸界线、尺寸线及尺寸起止符号

建筑施工图上的尺寸，应包括尺寸界线、尺寸线及尺寸起止符号和尺寸数字（图 1-1-17）。尺寸界线应用细实线绘制，一般应与被注长度垂直且距图线一定距离，以免混淆。必要时，图纸轮廓线可用作尺寸界线。

建筑施工图上的尺寸线应用细实线绘制，应与被注长度平行。图纸本身的任何图线均不得用作尺寸线。尺寸起止符号一般应用中粗斜短线绘制，其倾斜方向应与尺寸界线成顺时针 45°角，长度宜为 2～3mm。半径、直径、角度与弧长的尺寸起止符号，宜用箭头表示（图 1-1-18）。

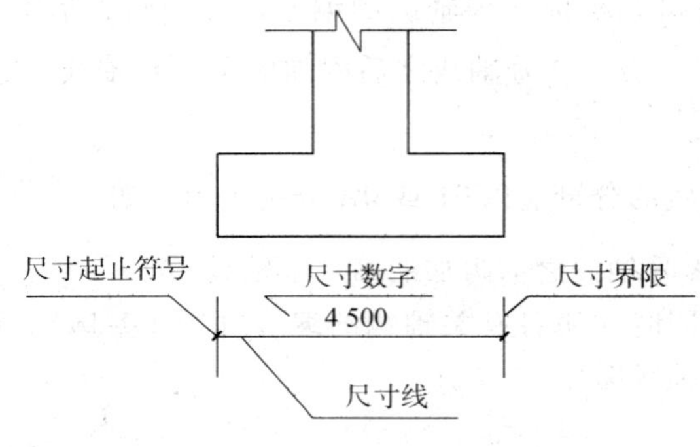

图 1-1-17　尺寸的组成

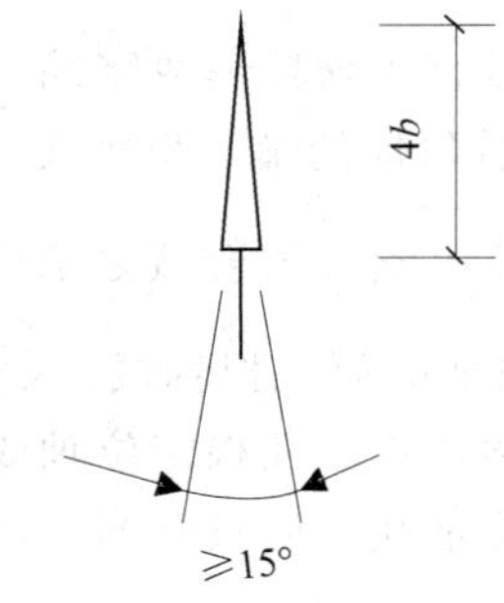

图 1-1-18　箭头尺寸起止符号

2. 尺寸数字

建筑施工图上的尺寸，应以尺寸数字为准。其尺寸单位除标高及总平面图以“m”为单位外，其他必须以“mm”为单位。尺寸数字的方向一般应与尺寸线平行注写。尺寸数字一般应依据其方向注写在靠近尺寸线的上方中部。如没有足够的注写位置，最外边的尺寸数字可注写在尺寸界线的外侧，中间相邻的尺寸数字可错开注写（图 1-1-19）。

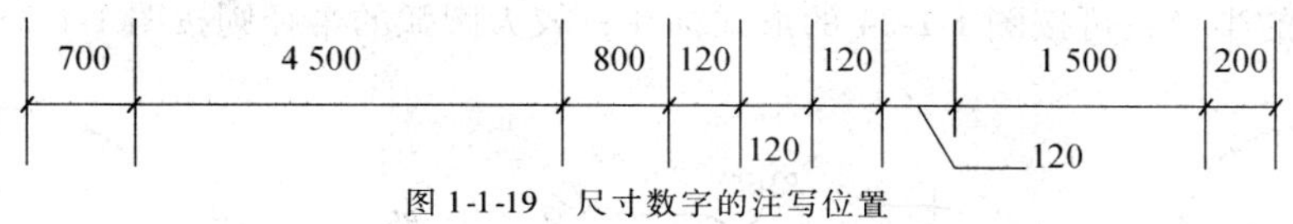

图 1-1-19　尺寸数字的注写位置

3. 尺寸的排列与布置

建筑施工图上的尺寸宜标注在图纸轮廓以外，不宜与图线、文字和符号相交。

互相平行的尺寸线，即“三道尺寸”，应从被注写的图纸轮廓线由近向远整齐排列，较小尺寸应离轮廓线较近，较大尺寸应离轮廓线较远。图纸轮廓线以外的尺寸界线，距图纸最外轮廓之间的距离，不宜小于 10mm。平行排列的尺寸线的间距，宜为 7 ~ 10mm，并应保持一致。总尺寸的尺寸界线，应靠近所指部位，中间的分尺寸的尺寸界线可稍短，但其长度应相等（图 1-1-20）。

当等长尺寸连续排列时，可采用“等长尺寸 × 个数 = 总长”的形式标注，如踏步采用“300 × 7 = 2 100”的形式标注，如图 1-1-21 所示。

两个构配件，如果个别尺寸数字不同，可在同一图样中将其中一个构配件的不同尺寸数字注写在括号内，该构配件的名称编号也写在相应的括号内，如图 1-1-22 所示。

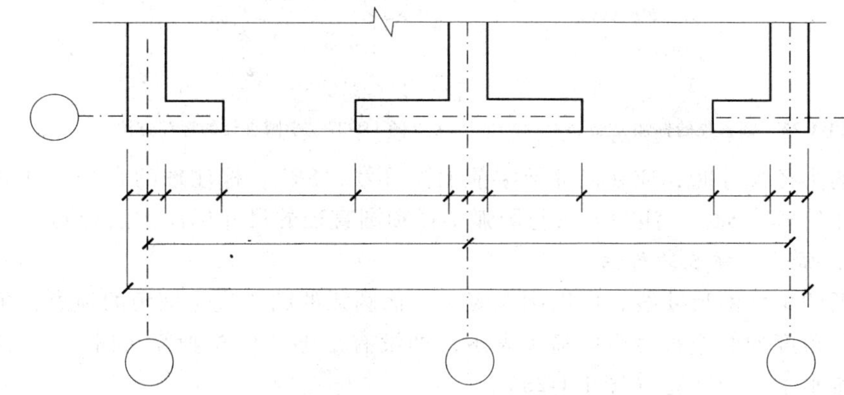
图 1-1-20　尺寸的排列与布置

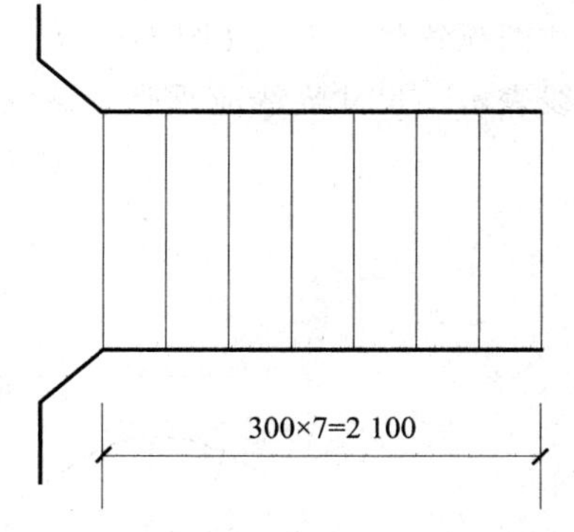

图 1-1-21　等长尺寸连续排列的标注

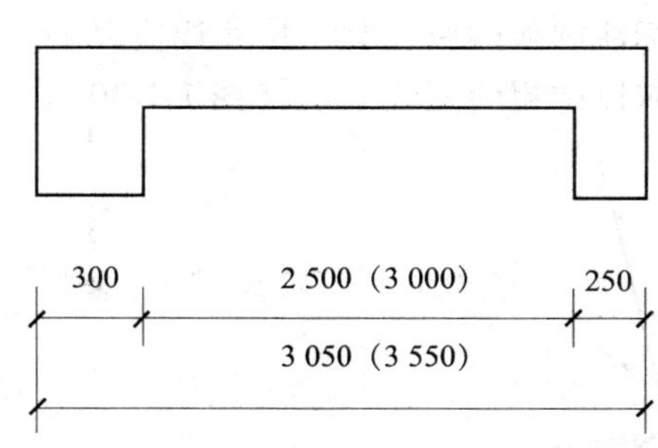

图 1-1-22　同一图样不同尺寸的标注

4. 半径、直径、球的尺寸标注

建筑施工图上的尺寸线，应一端从圆心开始，另一端画箭头指向圆弧。半径数字前应加注半径符号“R”（图 1-1-23）。

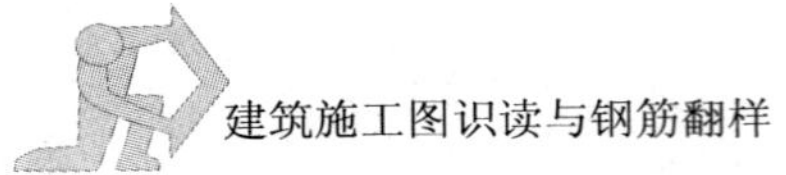

较小圆弧的半径，可按图 1-1-24 的形式标注；较大圆弧的半径则按图 1-1-25 的形式标注。

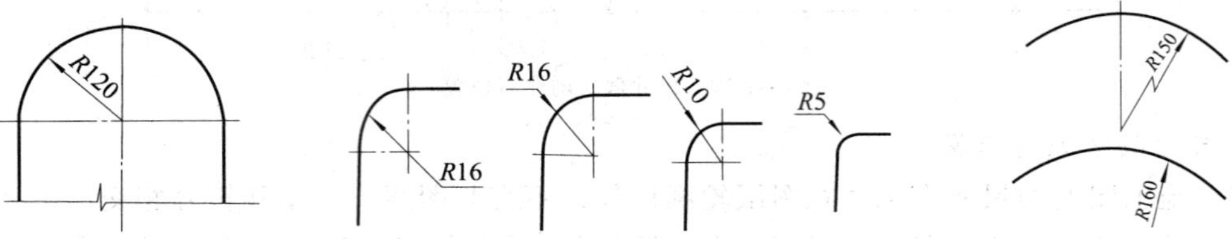

图 1-1-23　半径标注方法　　图 1-1-24　小圆弧半径的标注方法　　图 1-1-25　大圆弧半径的标注方法

标注圆的直径尺寸时，直径数字前应加直径符号“ϕ”。而在圆内标注的直径尺寸线应通过圆心，两端画箭头指至圆弧（图 1-1-26）。较小的圆，其直径尺寸可标注在圆外(图 1-1-27)。

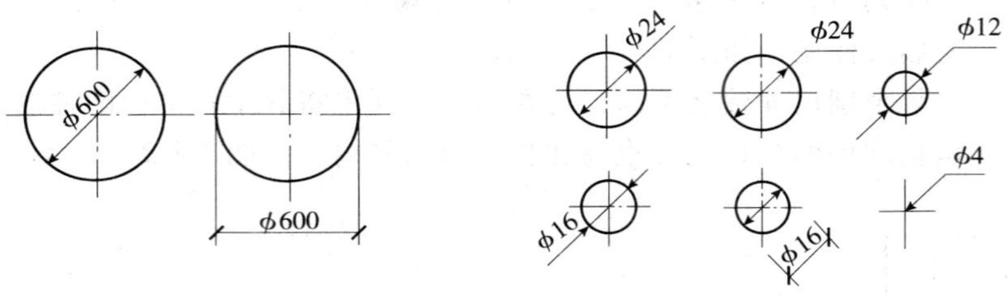

图 1-1-26　圆直径的标注方法　　图 1-1-27　小圆直径的标注方法

标注球的半径尺寸时，应在尺寸数字前加注符号“*SR*”。标注球的直径尺寸时，应在尺寸数字前加注符号“$S\phi$”。注写方法与圆弧半径和圆直径的尺寸标注方法相同。

5. 角度、弧长、弦长的标注

建筑图纸的角度的尺寸线，应以圆弧表示。该圆弧的圆心应是该角的顶点，角的两条边为尺寸界线。角度的起止符号应以箭头表示，如没有足够的位置画箭头时，可用圆点代替。角度数字应按水平方向注写（图 1-1-28）。

标注圆弧的弧长时，尺寸线应以与该圆弧同心的圆弧线表示。尺寸界线应垂直于该圆弧的弦，起止符号应以箭头表示，弧长数字的上方应加注圆弧符号“⌒”（图 1-1-29）。

标注圆弧的弦长时，尺寸线应以平行于该弦的直线表示，尺寸界线应垂直于该弦，起止符号应以中粗斜短线表示（图 1-1-30）。

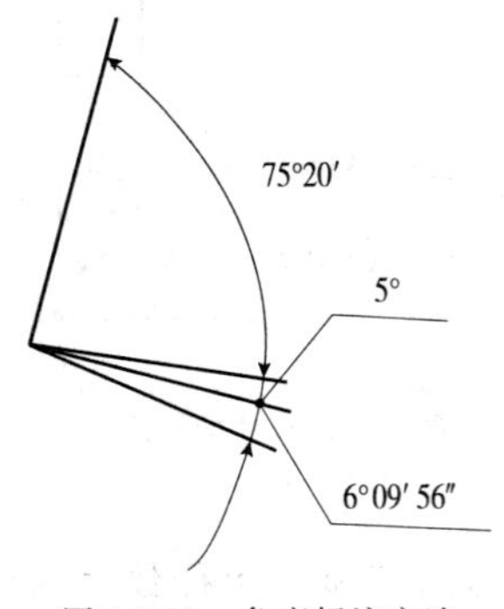

图 1-1-28　角度标注方法

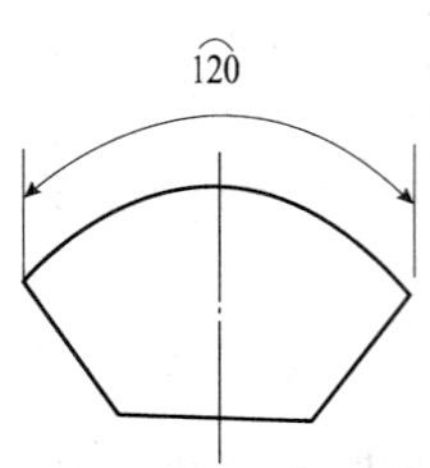

图 1-1-29　弧长标注方法

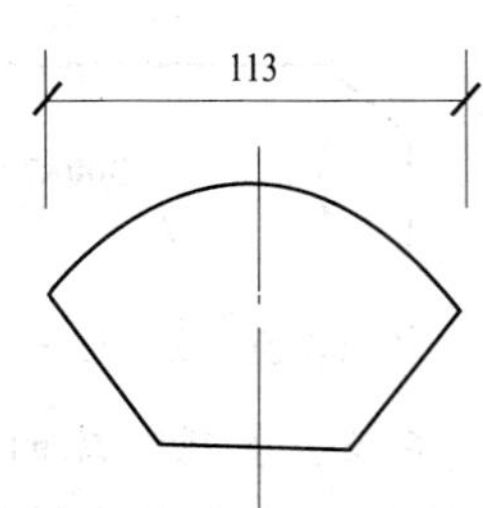

图 1-1-30　弦长标注方法

6. 薄板厚度、正方形、坡度、非圆曲线等尺寸标注

在薄板面标注板厚尺寸时，应在厚度数字前加厚度符号“*t*”（图 1-1-31）。标注正方形的尺寸，可用“边长×边长”的形式，也可在边长数字前加正方形符号“□”（图 1-1-32）。

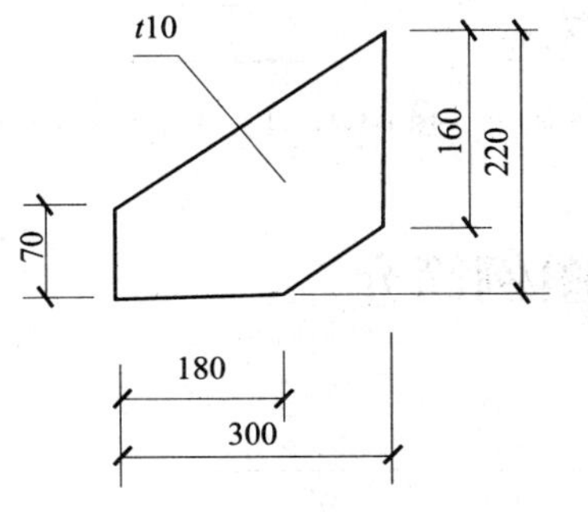

图 1-1-31　薄板厚度的标注方法

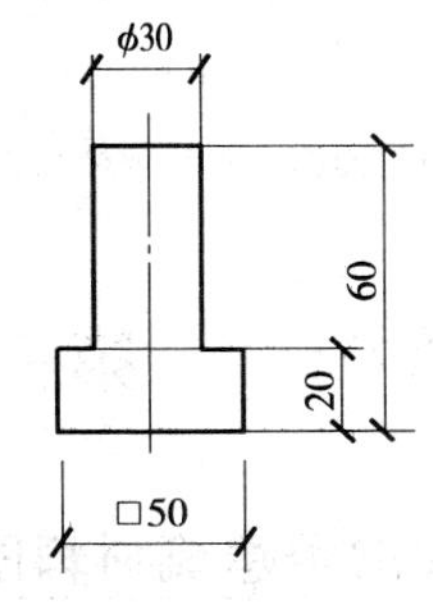

图 1-1-32　标注正方形尺寸

标注坡度时，应加注坡度符号“↙”（图 1-1-33a、b）。坡度也可用直角三角形的形式标注（图 1-1-33c）。

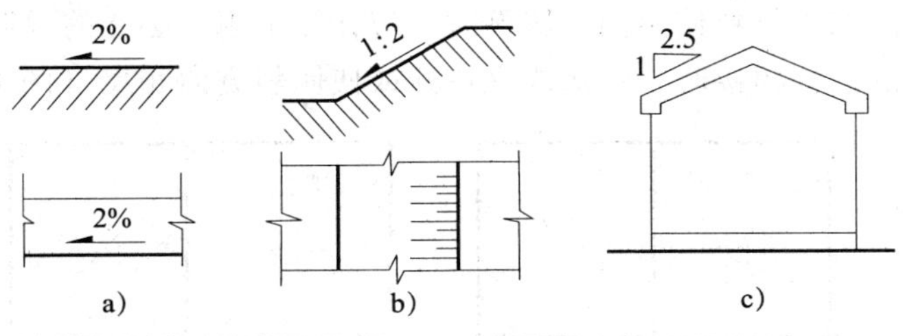

图 1-1-33　坡度标注方法

7. 标高

建筑施工图中，标高符号应以直角等腰三角形表示，按如图 1-1-34a）所示形式用细实线绘制，如标注位置不够，也可按如图 1-1-34b）所示形式绘制。

标高符号的具体画法如图 1-1-34c）、d）所示。

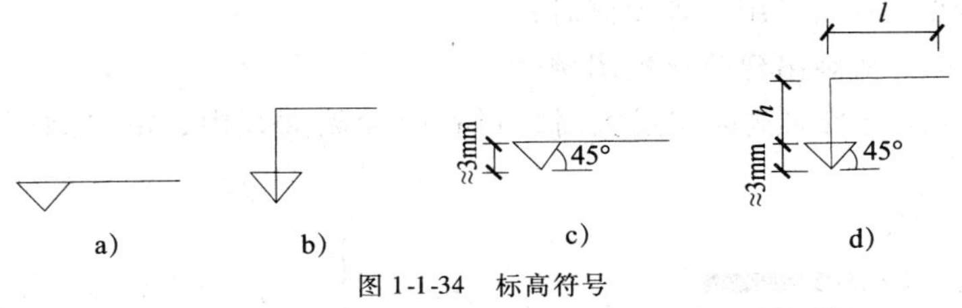

图 1-1-34　标高符号

建筑总平面图的室外地坪标高符号，宜用涂黑的三角形表示（图 1-1-35a），具体画法如图 1-1-35b）所示。标高符号的尖端应指至被注高度的位置。尖端一般应向下，也可向上。标高数字应注写在标高符号的左侧或右侧（图 1-1-36）。

标高的数字应以“m”为单位，注写到小数点以后第三位。在总平面图中，可注写到小数点以后第二位。零点标高应注写成 ±0.000，正数标高不注“+”，负数标高应注“-”，如 4.500、-0.950 等。在图纸的同一位置需表示几个不同标高时，标高数字可按图 1-1-37 的形式注写。

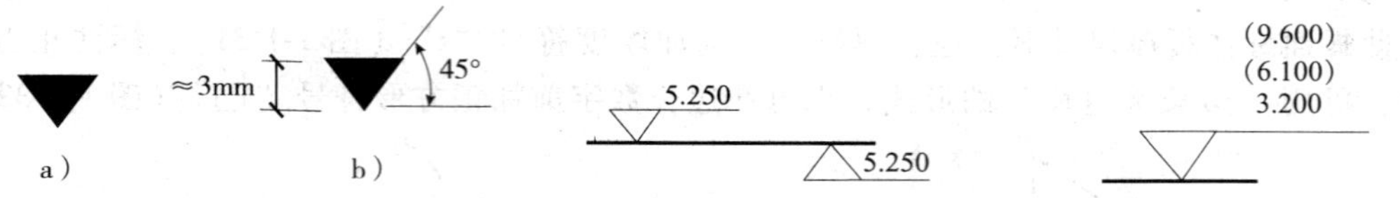

图 1-1-35　建筑总平面图室外地坪标高符号　　图 1-1-36　标高的指向　　图 1-1-37　同一位置注写多个标高数字

第三节　常用建筑图例简介

一　有关常用建筑材料图例说明

以下简要介绍常用建筑材料的画法，对其尺度国家有关标准未作具体规定。使用时应根据图纸大小而定，并应注意以下事项：

（1）图例线应间隔均匀，疏密适度，做到图例正确，表示清楚；

（2）不同品种的同类材料使用同一图例时，应在图上附加必要的说明；

（3）两个相同的图例相接时，图例线宜错开或使倾斜方向相反（图 1-1-38）；

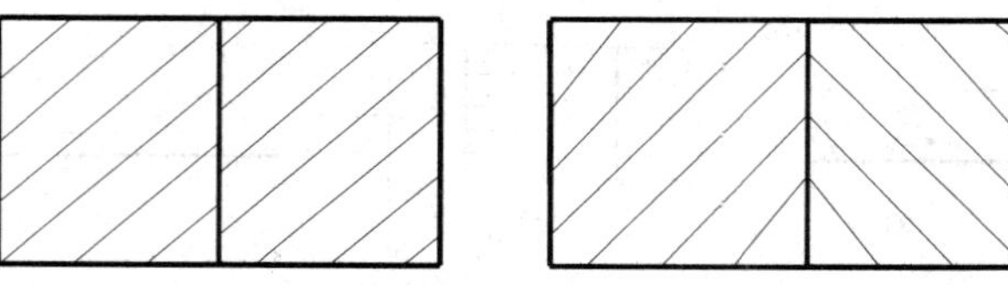

图 1-1-38　相同的图例相接时的画法

（4）两个相邻的涂黑图例（如混凝土构件、金属件）间，应留有空隙。其宽度不得小于 0.7mm（图 1-1-39）。

遇到下列情况可以不加图例，但应加文字说明：

（1）一张图纸内的图只用一种图例时；

（2）图形较小无法画出建筑材料图例时。

当需画出的建筑材料图例面积过大时，可在断面轮廓线内，沿轮廓线作局部表示（图 1-1-40）。

图 1-1-39　相邻的涂黑图例的画法

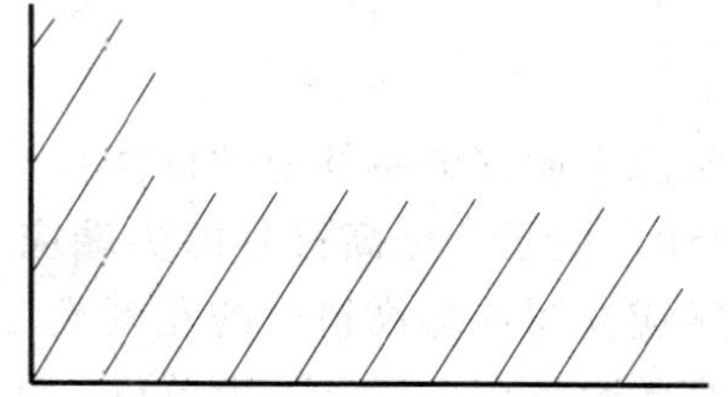

图 1-1-40　局部表示图例

当常用建筑材料图例中未包括选用的建筑材料时，可自编图例。但不得与常用建筑材料图例重复。绘制时，应在适当位置画出该材料图例，并加以说明。

二 常用建筑材料图例

常用建筑材料应按如表 1-1-5 所示图例画法绘制。

三 建筑总平面图中常用图例摘录

这里就一般民用建筑总平面图中比较常用的图例摘录如表 1-1-6 所示。如果需要了解更多的内容，请参照《总图制图标准》（GB/T 50103—2001）。

四 常用建筑构造及配件图例摘录

这里只把比较常用的部分内容简要摘录如表 1-1-7 所示，供读者学习以及阅读建筑施工图时参考。如果需要了解更多的内容，请参照《建筑制图标准》（GB/T 50104—2001）。

常用建筑材料图例 表 1-1-5

序号	名称	图例	备注
1	自然土壤	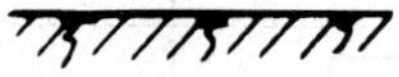	包括各种自然土壤
2	夯实土壤	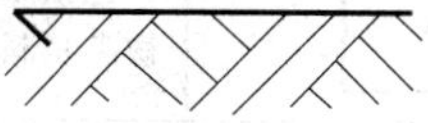	
3	砂、灰土	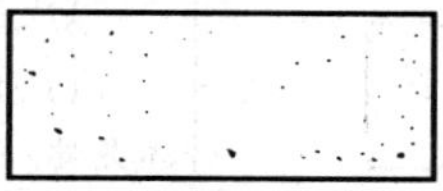	靠近轮廓线绘较密的点
4	砂砾石、碎砖三合土	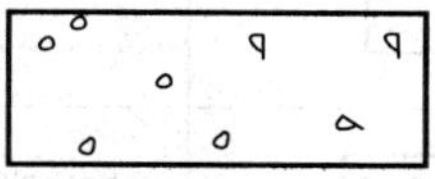	
5	石材	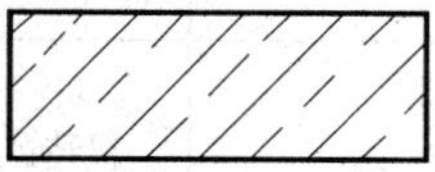	
6	毛石	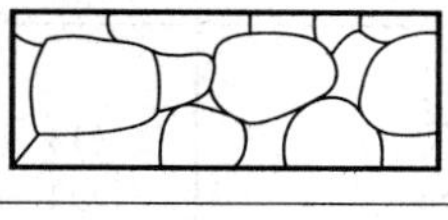	
7	普通砖	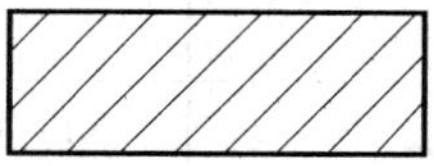	包括实心砖、多孔砖、砌块等砌体。断面较窄不易绘出图例线时，可涂红
8	耐火砖	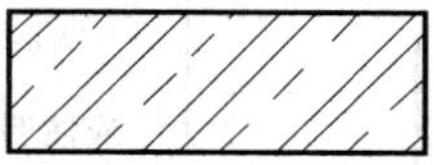	包括耐酸砖等砌体
9	空心砖	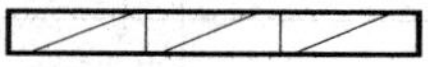	指非承重砖砌体
10	饰面砖	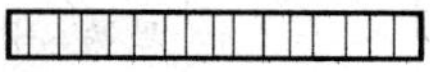	包括铺地砖、马赛克、陶瓷锦砖、人造大理石等
11	焦渣、矿渣	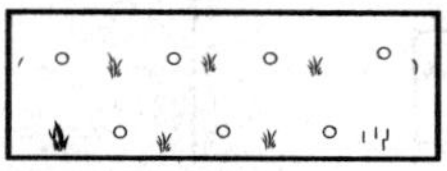	包括与水泥、石灰等混合而成的材料

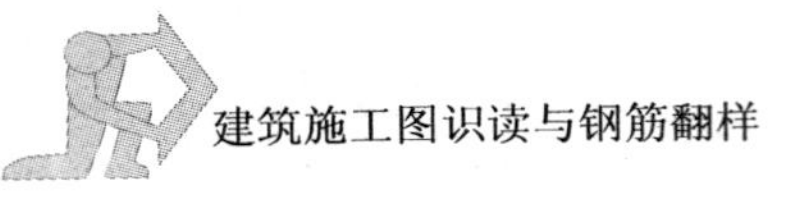

续上表

序　号	名　称	图　例	备　注
12	混凝土	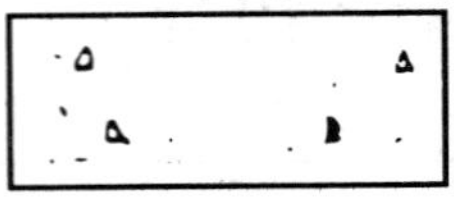	(1) 本图例指能承重的混凝土及钢筋混凝土； (2) 包括各种强度等级、集料、添加剂的混凝土； (3) 在剖面图上画出钢筋时，不画图例线； (4) 断面图形小，不易画出图例线时，可涂黑
13	钢筋混凝土	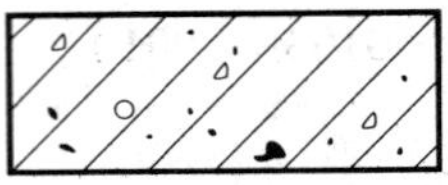	
14	多孔材料	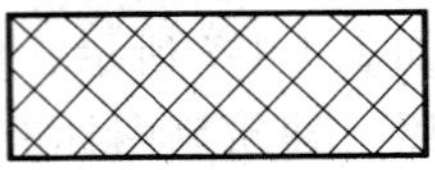	包括水泥珍珠岩、沥青珍珠岩、泡沫混凝土、非承重加气混凝土、软木、蛭石制品等
15	纤维材料	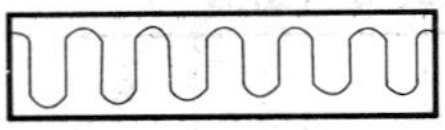	包括矿棉、岩棉、玻璃棉、麻丝、木丝板、纤维板等
16	泡沫塑料材料	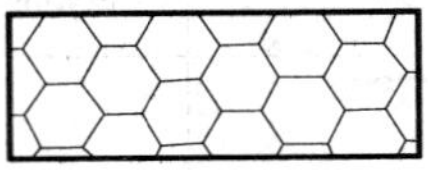	包括聚苯乙烯、聚乙烯、聚氨酯等多孔聚合物类材料
17	木材	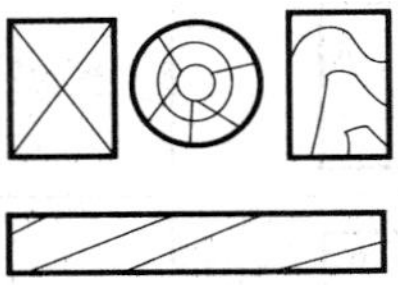	(1) 上图为横断面，上左图为垫木、木砖或木龙骨； (2) 下图为纵断面
18	胶合板	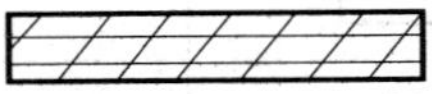	应注明为×层胶合板
19	石膏板	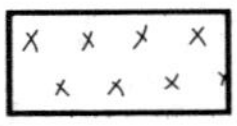	包括圆孔、方孔石膏板，防水石膏板等
20	金属		(1) 包括各种金属； (2) 图形小时，可涂黑
21	网状材料		(1) 包括金属、塑料网状材料； (2) 应注明具体材料名称
22	液体	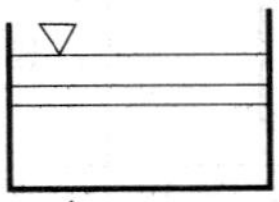	应注明具体液体名称
23	玻璃	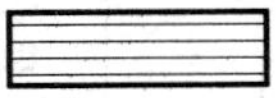	包括平板玻璃、磨砂玻璃、夹丝玻璃、钢化玻璃、中空玻璃、加层玻璃、镀膜玻璃等
24	橡胶	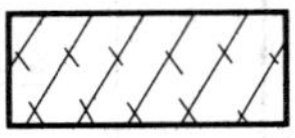	

续上表

序号	名称	图例	备注
25	塑料	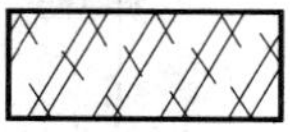	包括各种软、硬塑料及有机玻璃等
26	防水材料		构造层次多或比例大时，采用上面图例
27	粉刷	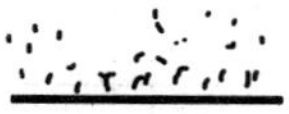	本图例采用较稀的点

注：序号1、2、5、7、8、13、14、16、17、18、22、23图例中的斜线、短斜线、交叉斜线等一律为45°。

建筑总平面图常用图例 表1-1-6

序号	名称	图例	备注
1	新建建筑物	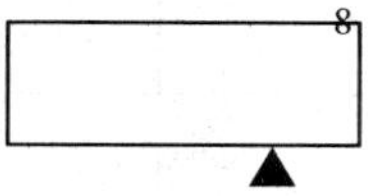 8	（1）需要时，可用▲表示出入口，可在图形内右上角用点数或数字表示层数； （2）建筑物外形（一般以±0.000高度处的外墙定位轴线或外墙面线为准）用粗实线表示。需要时，地面以上建筑用中粗实线表示，地面以下建筑用细虚线表示
2	原有建筑物	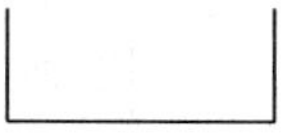	用细实线表示
3	计划扩建的预留地或建筑物		用粗虚线表示
4	拆除的建筑物	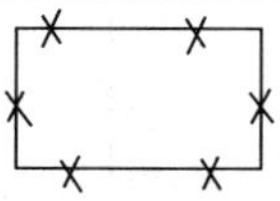	用细实线表示
5	建筑物下面的通道	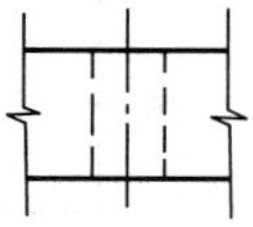	
6	常绿针叶树		
7	落叶针叶树		

续上表

序号	名称	图例	备注
8	常绿阔叶乔木		
9	落叶阔叶乔木		
10	常绿阔叶灌木		
11	落叶阔叶灌木		
12	竹类		
13	花卉		
14	草坪	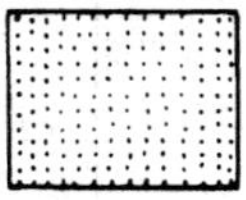	
15	花坛		
16	绿茵		
17	植草砖铺地	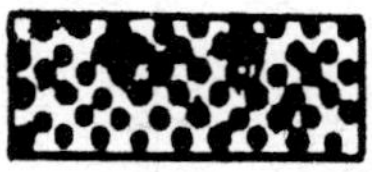	

常用建筑构造及配件图例 表 1-1-7

序号	名称	图例	备注
1	墙体	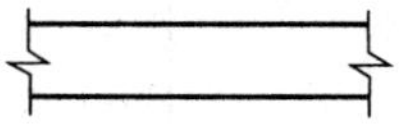	应加注文字或填充图例表示墙体材料，在项目设计图纸说明中列材料图例表给予说明

续上表

序号	名称	图例	备注
2	隔断		(1) 包括板条抹灰、木制、石膏板、金属材料等隔断; (2) 适用于到顶与不到顶隔断
3	栏杆		
4	楼梯	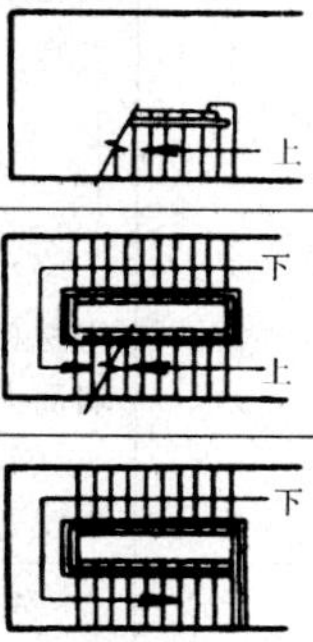 上 下 上 下	(1) 上图为底层楼梯平面，中图为中间层楼梯平面，下图为顶层楼梯平面; (2) 楼梯及栏杆扶手的形式和梯段踏步数应按实际情况绘制
5	坡道	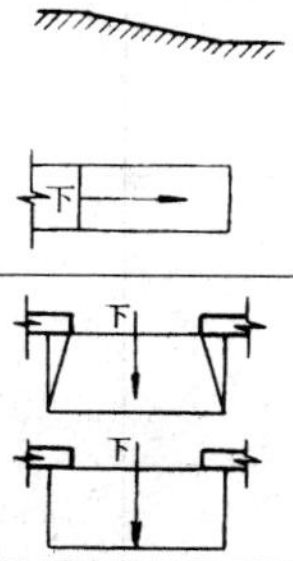 下 下 下	上图为长坡道，下图为门口坡道
6	平面高差	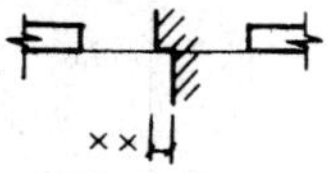 ××	适用于高差小于100mm的两个地面或楼面相接处
7	检查孔	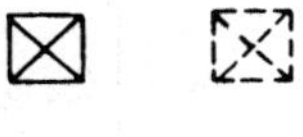	左图为可见检查孔，右图为不可见检查孔
8	孔洞		阴影部分可以涂色代替
9	坑槽		
10	墙预留洞	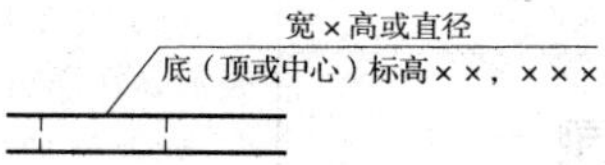 宽×高或直径 底（顶或中心）标高××，×××	(1) 以洞中心或洞边定位; (2) 宜以涂色区别墙体和留洞位置
11	墙预留槽	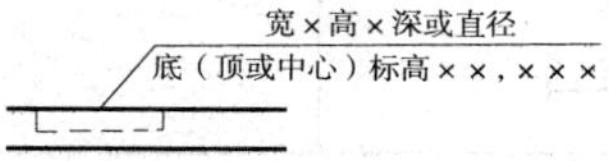 宽×高×深或直径 底（顶或中心）标高××，×××	

续上表

序　号	名　称	图　例	备　注
12	烟道	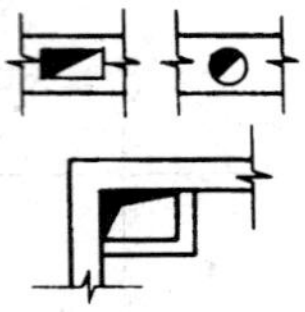	（1）阴影部分可以涂色代替； （2）烟道与墙体为同一材料，其相接处墙身线应断开
13	通风道	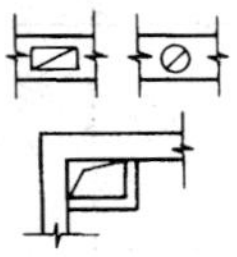	
14	新建的墙和窗		（1）本图以小型砌块为图例，绘图时应按所用材料的图例绘制，不易以图例绘制的，可在墙面上以文字或代号注明； （2）小比例绘图时，平、剖面窗线可用单粗实线表示
15	改建时保留的原有墙和窗	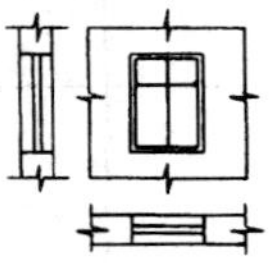	
16	应拆除的墙	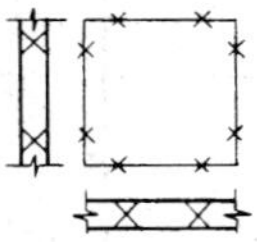	
17	在原有墙或楼板上新开的洞	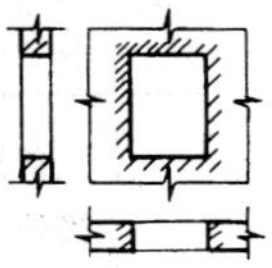	
18	单扇双面弹簧门	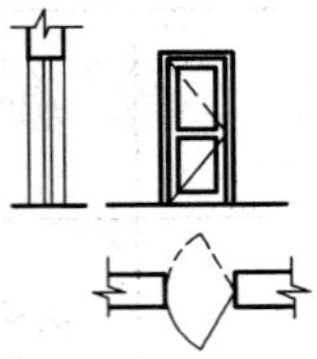	（1）门的名称代号用 M； （2）图例中剖面图左为外、右为内，平面图下为外、上为内； （3）立面图上开启方向线交角的一侧为安装合页的一侧，实线为外开，虚线为内开； （4）平面图上门线应 90°或 45°开启，开启弧线宜绘出； （5）立面图上的开启线在一般设计图中可不表示，在详图及室内设计图上应表示； （6）立面形式应按实际情况绘制
19	双扇双面弹簧门	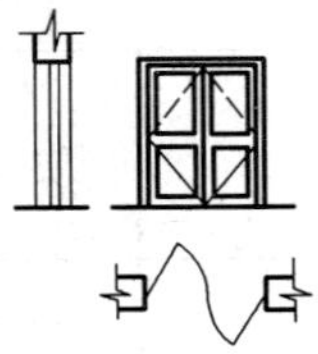	
20	单扇内外开双层门（包括平开或单面弹簧）	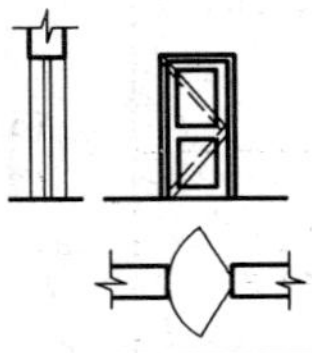	

续上表

序号	名称	图例	备注
21	双扇内外开双层门（包括平开或单面弹簧）	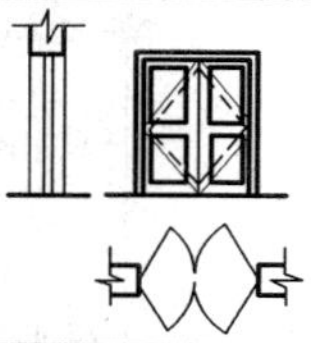	
22	单扇门（包括平开或单面弹簧）	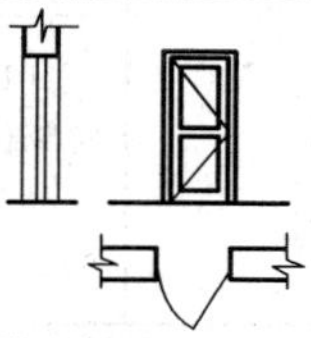	
23	双扇门（包括平开或单面弹簧）	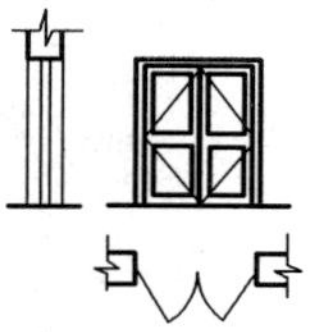	
24	墙中双扇推拉门	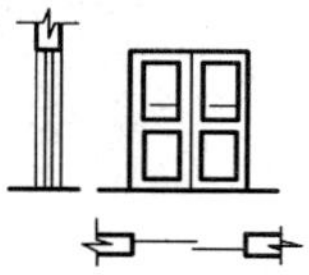	（1）门的名称代号用 M； （2）图例中剖面图左为外、右为内，平面图下为外、上为内； （3）立面形式应按实际情况绘制
25	墙外单扇推拉门	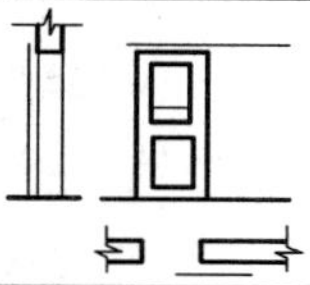	（1）门的名称代号用 M； （2）图例中剖面图左为外、右为内，平面图下为外、上为内； （3）立面形式应按实际情况绘制
26	墙外双扇推拉门	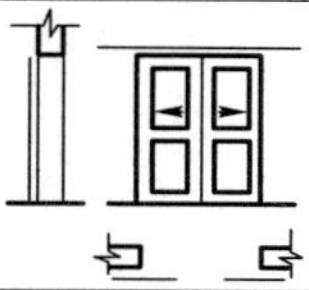	
27	单层外开平开窗	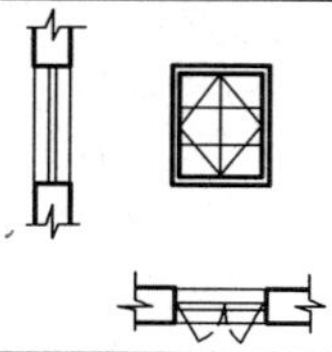	（1）窗的名称代号用 C 表示； （2）立面图中的斜线表示窗的开启方向，实线为外开，虚线为内开；开启方向线交角的一侧为安装合页的一侧，一般设计图中可不表示； （3）图例中，剖面图所示左为外、右为内，平面图所示下为外、上为内； （4）平面图和剖面图上的虚线仅说明开关方式，在设计图中不需表示； （5）窗的立面形式应按实际绘制； （6）小比例绘图时，平、剖面的窗线可用单粗实线表示
28	单层内开平开窗	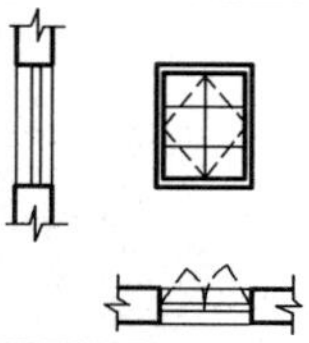	
29	双层内外开平开窗	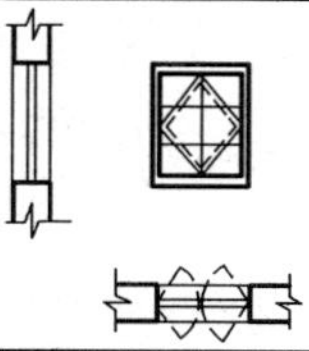	

续上表

序　　号	名　　称	图　　例	备　　注
30	推拉窗		（1）窗的名称代号用 C 表示； （2）图例中，剖面图所示左为外、右为内，平面图所示下为外、上为内； （3）窗的立面形式应按实际绘制； （4）小比例绘图时，平、剖面的窗线可用单粗实线表示
31	电梯		（1）电梯应注明类型，并绘出门和平衡锤的实际位置； （2）观景电梯等特殊类型电梯应参照本图例按实际情况绘制

第二章 建筑施工图的组成与识读

建筑施工图一般由图纸目录、设计说明、工程做法、门窗表、总平面图、各层平面图、立面和剖面图及详图几部分组成，且按此顺序依次编排。

第一节 图纸目录

图纸目录是施工图的明细和索引，它应排列在施工图纸的最前面，且不应编入图纸的序号内。如果图纸目录和设计说明等排在同一张纸内，日后增加或修改图纸时，续编目录就不够方便。

建筑施工图的目录应一个子项编一份，在同一份目录内不得编入其他单项的图纸，以便于归档、查阅和修改。

基本图和详图属于新绘图。在目录的后面，还常会列出利用的标准图集代号。标准图集一般有国家标准图、大区（如中南地区）标准图和省（市）标准图三类。以下对图纸目录中的部分名词加以说明。

1. 设计号

设计号即设计单位内部对工程所做的编号，常由 4 位数字组成，前两位表示年份，后两位表示工程的业务顺序，如 0615 表示该工程是 2006 年签订设计合同，业务顺序为 15。

2. 图别

图别是指某专业在方案设计或施工图设计阶段的图纸，如建施是指本图是建筑专业的施工图。

3. 序号

序号表示本子项图纸实际张数和顺序的流水号。序号应从“1”开始，不得从“0”开始；不得空缺或重号。

4. 图号（专业类别及图纸编号）

图号是指各张图纸的顺序编号，可以重号，但重号时须加注脚码。重号主要用于相同图名的图纸，如门窗表有多张时，可编为“2a”、“2b”……图号一般不应空缺，以免混乱。

5. 图纸规格

图纸规格是指图纸尺寸大小的规格，常有 A1、A2、A3、A4 等，其尺寸分别为 841mm ×

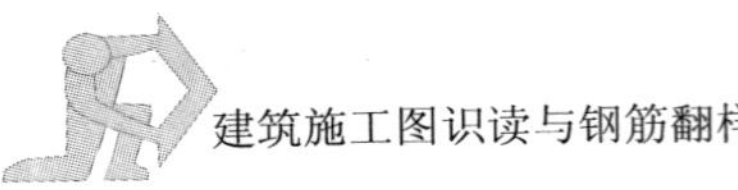

594mm、594mm×420mm、420mm×297mm、297mm×210mm。图纸规格应尽量统一，以便于现场施工使用。图纸规格也有加长情况，如 A1⁺。

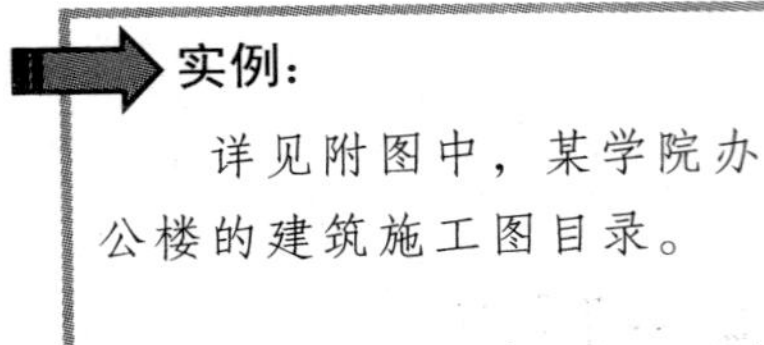
实例：

详见附图中，某学院办公楼的建筑施工图目录。

第二节 设计说明（工程做法）

设计说明主要介绍设计依据、工程概况、建筑节能设计、无障碍设计、设计范围和分工、施工及制作时应注意的事项等。大工程应制成一张图纸，这样就能表达清楚，且便于识读、查找。小工程可能涉及工程做法，有些设计单位将工程做法放在设计说明中用文字交代（而非用表格）。例如：附图中某学院办公楼的建筑施工图 0、1 号就是采用此形式。

工程做法是交代建筑物各部位的材料及其构造做法，通常采用三种表达方式：一是用文字逐层说明；二是引用标准图集的做法和编号；三是另绘构造节点详图并加注索引号。工程做法中的名称与索引标准图集中的做法在名称、做法上完全相同时，标注“详见”；否则，应标注“参见”，并应在备注中说明不同之处。“详见”二字常可省略，但“参见”不可省略。

当工程做法中无标准图集可引时，应另行用文字书写其做法或另绘详图，并加注索引号。

一般情况下，墙身防潮层、地下室防水、屋面、外墙面、勒脚、散水、台阶、坡道等做法，均应在工程做法中表明。但实际上，在工程做法中往往只见到其中一部分做法，而另一部分做法，在图纸中直接在图上引注或注索引号。

工程做法中的一项重要内容，是屋面做法应能满足屋面防水的要求。根据建筑物重要性及使用要求，屋面防水分为四个防水等级：I 级、II 级、III 级和 IV 级，每个等级都对应不同的设防年限和设置要求。防水材料和构造做法的选用、设计还应符合当地的气温、日照强度等气候特点，在设计或读图时都不可随意，以免影响工程质量。

第三节 门 窗 表

门窗表是一个子项工程中所有门窗的汇总和索引，目的在于方便土建施工和厂家制作。门窗表通常由类别、编号、洞口尺寸、樘数、引用的标准图集及编号和备注组成。

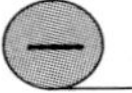

一 类别

有时也写作门窗类型或名称，如木门、铝合金窗等。

二 门窗编号

通常按材质、功能或特征来分类编排，这样便于分别加工和调整樘数。门窗编号通常取其拼音的声母。如 MM 表示木门，MC 表示木窗，MQ 表示幕墙。常用的门窗类别及代号如下：

1. 门

木门：MM；钢门：GM；塑钢门：SGM；铝合金门：LM；卷帘门：JM；防盗门：FDM；防火门：$FM_{甲(乙、丙)}$；防火卷帘门：FJM；人防门：RFM；防爆活门：RHM。

2. 窗

木窗：MC；钢窗：GC；铝合金窗：LC；木百叶窗：MBC；钢百叶窗：GBC；铝合金百叶窗：LBC；塑钢窗：SGC；防火窗：$FC_{甲(乙、丙)}$；全玻无框窗：QBC。

3. 幕墙

幕墙：MQ。

同一类别的门或窗，其尺寸、开启、立面等不同时，在编号后加数字区别，如各种木门，分别用 MM_1、MM_2、MM_3、…表示。

门窗编号加注脚号者（如 $LC1_A$、$LC1_B$ 或 LC1、LC1′），一般指门窗立面及尺寸相同但呈对称者，或指立面基本相同仅局部（多为固定扇）变化者，或指立面相同仅洞口尺寸不同者。

各类门窗应连续编号，尽量避免出现缺号的现象，如木门 MM_1、MM_2、MM_3、MM_5、…,缺了 MM_4 是不当的。防火门 $FM_{甲(乙、丙)}$ 是根据门的耐火极限来分等级的，甲级防火门（$FM_{甲}$）的耐火极限不小于 1.2h，乙级（$FM_{乙}$）和丙级（$FM_{丙}$）分别不低于 0.9h 和 0.6h。

不同编号的门窗在表格上相互间应留有空格，以便于增补。

三 洞口尺寸

洞口尺寸应与平、立、剖面及详图中相应尺寸一致，未标注单位者均以毫米（mm）为单位。

四 樘数

樘数为各类门窗的数量统计，除总数外宜增加分层樘数，以便于统计、校核、修改。

五 图集编号（详图索引）

门窗的立面划分与做法在图集中的索引号：完全相同时，标注“详见”；有变化时，标注“参见”，并在备注栏中注明变化之处。如在图集中没有其立面划分及做法，则应另绘详图并加注索引号。

六 备注

备注栏内多书写以下内容：

(1) 参见（照）所选用标准图集门窗时，写明变化的内容。

（2）进一步说明门窗特征，如同是木门，应写明是平开、单开或双向弹簧门等。

（3）对材料或配件的要求，如同是乙级防火门但要求为木质，同为铝合金门但加纱门等。

（4）在图纸上未表达的内容，如设有门槛，高窗顶至梁底等。

除以上内容外，门窗表还常在外面加注普遍性的说明，如玻璃及框料颜色，玻璃厚度及框料断面尺寸，过梁的选用、制作及施工要求等。

实例：

详见附图中某学院办公楼的建施02门窗表。

第四节 施工图中的总平面图

一 概述

总平面图是针对用地范围的总体设计。用地较大的群体建筑的总平面图，因其内容繁多应单独出图，一般的总平面图可与建筑施工图一起出，甚至有的把总平面图作为建筑施工图的一部分。

实例：

附图中总平面图建施Z00为某学院的总平面定位图（其他总平面图未摘入）。

总平面图表达的内容主要有两方面：一方面是对现状的表达，现状不仅包含用地范围内的地形、地物，而且应包含相邻用地的地形、地物。在总平面图上用文字注明有关技术指标。另一方面是表达新建建筑（设施）的定位以及道路、绿化等。建筑（设施）的定位是指其空间定位，即由平面和竖向共同来定位。为了清楚地表达这两方面的内容，总平面图设计可分为土方图、总平面布置图、竖向设计图、道路详图、绿化布置图和管道综合图等图纸。但并不是每个工程的总平面设计都必须有这些图纸，图纸的内容应根据工程的繁简确定。如地势平坦时，可以没有土方图。另外，根据工程的具体情况也可以没有管道综合图，也可以把平面布置与竖向设计、道路、绿化等合并在一张图纸上，道路详图、小品、室外工程还可以引用标准图的做法。

总平面图中的任何设计内容，都有两个层面的特征：一是平面位置，一是竖向位置。平面位置由坐标或引注尺寸来确定，竖向位置由标高或等高线来确定。

总平面图的布置，主要包括场地出入口、建筑物、道路、停车场、绿化、排水等内容。

施工图中的总平面图识读要点

1. 图纸目录

应先列新绘制的图纸，后列选用的标准图和重复利用图。

2. 设计说明

一般工程分别写在有关的图纸上。如重复利用某工程的施工图图纸及其说明时，应详细注明其编制单位、工程名称、设计编号和编制日期，列出主要技术经济指标表。

3. 总平面图

（1）保留的地形和地物。

（2）测量坐标网、坐标值。

（3）场地四界的测量坐标（或定位尺寸）、道路红线和建筑红线或用地界线的位置。

（4）场地四邻原有及规划道路的位置（主要坐标值或定位尺寸），以及主要建筑物和构筑物的位置、名称、层数。

（5）建筑物、构筑物（人防工程、地下车库、油库、储水池等隐蔽工程以虚线表示）的名称或编号、层数、定位（坐标或相互关系尺寸）。

（6）广场、停车场、运动场地、道路、无障碍设施、排水沟、挡土墙、护坡的定位（坐标或相互关系）尺寸。

（7）指北针或风玫瑰图。

（8）建筑物、构筑物使用编号时，应列出“建筑物和构筑物名称编号表”。

（9）注明施工图设计的依据、尺寸单位、比例、坐标及高程系统（如为场地建筑坐标网时，应注明与测量坐标网的相互关系）、补充图例等。

4. 竖向布置图

（1）场地测量坐标网、坐标值。

（2）场地四邻的道路、水面、地面的关键性标高。

（3）建筑物、构筑物名称或编号、室内外地面设计标高。

（4）广场、停车场、运动场地的设计标高。

（5）道路、排水沟的起点、变坡点、转折点和终点的设计标高（路面中心和排水沟顶及沟底）、纵坡度、纵坡距、关键性坐标，道路表明双面坡或单面坡，必要时标明道路平曲线及竖曲线要素。

（6）挡土墙、护坡或土坎顶部和底部的主要设计标高及护坡坡度。

（7）用坡向箭头表明地面坡向，但对场地平整要求严格或地形起伏较大时，可用设计等高线表示。

（8）指北针或风玫瑰图。

（9）注明尺寸单位、比例、补充图例等。

5. 土方图

6. 管道综合图

7. 绿化及建筑小品布置图

（1）绘出总平面布置。

（2）绿地（含水面）、人行步道及硬质铺地的定位。

(3) 建筑小品的位置（坐标或定位尺寸）、设计标高、详图索引。

(4) 指北针。

(5) 注明尺寸单位、比例、图例、施工要求等。

8. 详图

详图主要指道路横断面、路面结构、挡土墙、护坡、排水沟、池壁、广场、运动场地、活动场地、停车场地面等详图。

第五节　施工图中的平面图

一　平面图的形成和作用

建筑平面图实际是把房屋用一个假想的水平面，沿门、窗、洞口部位（指窗台以上，过梁以下的空间）水平切开，把切口下面的物体投影到所切的水平面上，这时从上往下看到的图形就是房屋的平面图。图内应包括剖切面和投影方向，可见的建筑构造以及必要的尺寸、标高等。如需要表示高窗、洞口、透气孔、槽、地沟等不可见的部分，则应以虚线绘制。

平面图是建筑专业施工图中最基本、最主要的图纸。它从整体上表达了建筑物全部构配件的平面位置，可以说，所有主要的构配件在平面图上都有所体现，它不仅与立面图配合表示了建筑外部的造型，而且还把建筑物内部的重要情况也表示出来。同立面、剖面等图纸相比，平面图是较全面的。所以平面图是其他工种（如结构、设备等）进行设计和制图的基础依据；同时，其他工种（主要指结构和设备）对建筑的技术要求如柱断面、管道竖井、留洞等也主要表示在平面图中。不仅对其他专业如此，一般情况下，平面图也是建筑本专业其他图纸如立面、剖面图的设计依据，这些图在深化时，也会反过来要求调整平面图。总之，平面图是非常重要和全面的。

二　平面图图纸内容的分类

(1) 依据整体与局部及上下层的关系来看，平面图可分为总平面图、轴线关系及分段示意图、各层平面图、局部放大平面图、吊顶平面图等。

(2) 在同一张平面图上，由所绘制内容的表现来看，平面图可分为图形及符号、文字、尺寸标注三大部分。

三　平面图图纸的编排

各种平面图常集中在一起，一般紧挨设计说明、工程做法和门窗表之后，而在立面图、剖面图等图纸之前。就平面图本身而言，其内部编排应遵循从整体到局部、从上到下的顺序，常从前至后按如下的次序编排：总平面图（或总平面定位图）、轴线关系及分段示意图、防火分区示意图、各层平面图（地下最深层→地下一层→底层→地上最高层）、屋顶平面图、地沟平面图、局部放大平面图、吊顶平面图。

有些工程的建筑施工图可能没有其中的某些图纸，这要视以下具体情况而定：

(1) 如果有总平面图，则总平面定位图可以取消。

(2) 大型或复杂的项目，如果采用正常比例如 1∶100 在图纸上容纳不下，或太过复杂而表示不清，这时常采用缩小的比例将各段的轴线及其相互关系集中绘制，表明各段之间的定位关系和防火分区示意，然后各段再独立绘图。只有这样，才能表示得全面、清楚。如图1-2-1所示某学院行政楼轴线关系与分段示意图。

（3）绘制地沟平面图，以妥善解决排水问题。

（4）局部放大平面图，主要是指卫生间、楼梯间、高层建筑核心筒、人防口部、汽车坡道等局部平面的放大图。

（5）如果建筑不进行二次装修，对其中一些特殊的有吊顶的部位应绘制吊顶平面图，图中常包含照明灯具、喷淋头、烟感器、音响等设备内容。

（6）对于平面图中需放大的节点部位，其节点放大图常放在本图内，以便于对照查看。如果放大节点过多，或是多层索引同一节点放大图时，常集中绘制独立成图。成张的平面节点放大图可与局部放大平面图编排在一起，也可与后面的大样图编排在一起。

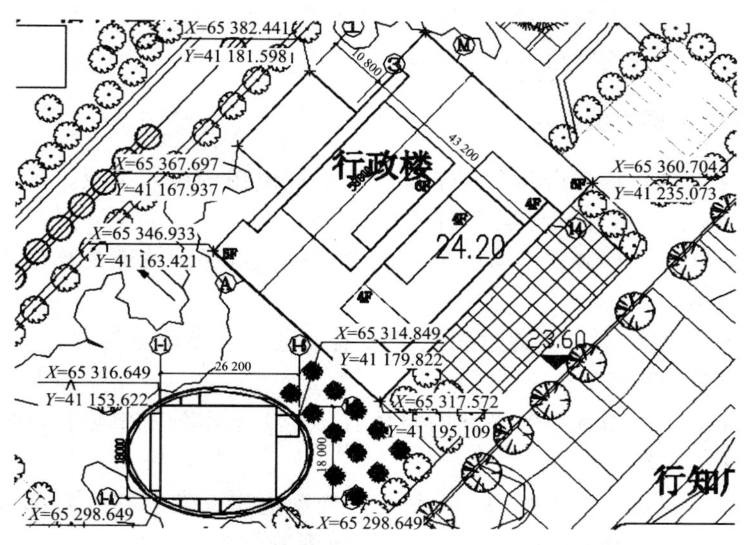

图 1-2-1　某学院行政楼轴线关系与分段示意图

四　地下室平面图

地下室是指其主要部分都在地面以下的房间。地下室根据其在地面以下部分的多少，可以分为全地下室和半地下室两种。全地下室是指房间地平面低于室外地平面的高度超过该房间净高的一半者，半地下室是指房间地平面低于室外地平面的高度超过该房间净高的1/3但不超过1/2者。有的建筑，在地平面以下的部分不止一层，这时，通常把最上面的称作地下一层，其次的称作地下二层，其他层依此类推。

（一）地下室的特点

（1）在使用功能上，地下室常用作人防工程、设备机房和汽车库等用房。

（2）在防潮、防水方面，地下室的外墙不仅要抵抗周围土壤的压力，同时还和底板一起经受着地潮和地下水的侵蚀。

（3）在防火方面，地下室一旦发生火灾，人员、车辆、货物的疏散比较困难，火灾危险性较大，所以地下室对防火、安全疏散方面的要求也比较高。

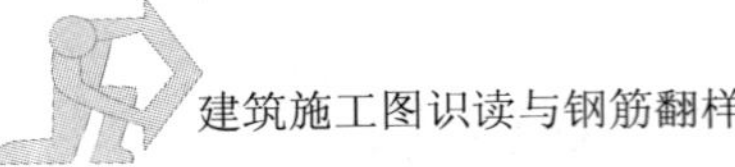

（4）在设备、技术处理方面，为了保证地下室的功能被合理、安全地使用，要采用必需的设备和技术处理。如设置通风竖道、排烟井道，设置地沟，为满足人防要求采取保证净度、恒温、防爆、防火的措施等。

（二）地下室平面图的内容

（1）各种柱，如框架柱、壁柱、构造柱等，包括其断面尺寸和位置。
（2）各种墙，如承重墙、非承重墙、剪力墙等，包括其厚度和位置。
（3）内外门窗，包括其位置和编号、门的开启方向。
（4）变形缝，包括其位置和尺寸。
（5）卫生器具、水池、台、橱、柜、隔断等位置。
（6）电梯、楼梯等，包括楼梯上下方向示意和主要尺寸。
（7）地沟、地坑、墙上预留洞、机座、重要设备位等。
（8）坡道、台阶、通气竖道、管道竖井等。

（三）地下室平面图识图要点

（1）了解使用功能。通过房间名称了解该地下室由哪些房间组成，各个房间的用途及其使用要求等，通过这些了解，才会明白其设计意图。

（2）找出外部出口。即查看平面图上有几部楼梯、电梯、坡道及其位置，这些都是地下室对外交通联系用的。

（3）了解主要结构体系。要通过图纸了解地下室的主要承重构件，了解柱网的情况、剪力墙的情况、外墙的情况等。

（4）了解主要配件。对地下室平面的整体有了一个基本的了解后，可依次或有选择地查阅建筑构配件部分内容。如：

①设备机房（风机房、制冷机房、锅炉房、变配电室、发电室等）部分，其在建筑专业的平面图上的表示，一般用实线示意，这时要查看其位置、基本大小，并应知道其详细内容，如定位、具体尺寸，以便在相应工种的施工图上查阅。

②防潮、防水部分，地下室平面图必须要弄清外墙和地板的防水措施，变形缝及后浇带处的防水做法等，要弄清楚其选材和构造情况。（看节点图或局部图，或看索引）

③地沟部分，地沟主要是容纳水、电、气、暖等管线，有时附带在平面图上表示，有时要另绘出地沟平面图。地沟的净宽及定位尺寸、沟深及沟底标高、坡度及坡向等内容均应查看，并查看地沟的剖面图和盖板的做法与构造情况。要特别注意地沟跌落、穿墙、穿变形缝、出入口的构造。

五 底层（首层）平面图

（一）底层平面图的特点

底层与室外相通，建筑的出入口都布置在底层，各种人流、物流也都是通过底层来布置和组织的。通过底层，上到楼层，下到地下室（如有地下室）。因此，底层是建筑物内外交通、上下交通的枢纽。

（二）底层平面图要表现的内容

室内情况：

（1）布置出入口，组织人流、货流；

（2）布置不同功能的房间，如门厅、大厅的设计与表达；

（3）高层建筑中，把建筑主体从底层向外扩大形成裙房。

室外情况：表达室外向室内过渡的部分，如门廊、踏步、坡道、花坛等。

底层平面图与其他层平面图、剖面和立面图相比，是“基本图”。因为绝大多数内容在底层平面图中首次表达，如地上各层柱网的尺寸、房间布置、交通组织、主要图纸的索引等。这些内容中有部分内容即以底层平面为主，在其他图纸中不表示或简化表示。如指北针、剖面图的剖切符号等只在底层平面图中表示；尺寸标注、轴线及其柱墙的关系、轴号等，其他层平面图中常简化表示或只表示其中最主要的部分。

（三）底层平面图的识读方法、认知过程及识读的主要内容

1. 识读方法和认知过程

在查阅建筑施工图时，首先，一定要建立起“整体性”的概念。我们识读施工图时，往往是先看主要部分，如基本组成、主要流线、主要房间、外部主要体形等，然后看次要部分，如细部尺寸、细部构件，再由次要部分回到主要部分，反反复复，把其所表示的组成一个有主次的整体，即整体性。其次，识图的目的是为了通过对最后的建筑施工图的阅读，把其还原成建筑“实体”。看图时的这种还原过程均只是在脑海中进行，需要一定的空间想象力和经验。在识读建筑施工图时一定要想象建筑建成后的样子，这是必须的，是根本的方法，也是一种提高识图能力的技巧。

2. 识读的主要内容

对底层平面图，在用上述方法将其还原成建筑实体的同时，还要注意对以下方面的识读：

（1）平面组成方面：组成建筑的各个房间名称，它们相互的联系和布局方式。

（2）流线方面：底层平面中对外出入口、楼梯、电梯，它们的数量、位置和大小。

（3）室内外联系方面：台阶、坡道等过渡部分。

（4）结构方面：主要结构形式、柱网的布置形式及大小等。

（5）设备方面：有无重要设备，其位置与要求。

（6）定位方面：轴线的标志及其与柱、墙的联系。

（7）尺寸方面：轴线间的尺寸、各构件的尺寸。

（8）其他方面：如明沟、散水等。

综上所述，对建筑施工图的识读方法是：带着整体性的概念去看图，在脑海里将图还原成建筑实体，同时留意图纸中如平面组成、流线等方面所作的表达。

（四）底层平面图的识读要点

在底层平面图中，有一些内容是其他层平面所没有的，或对识读影响至关重要的，要重点把握这些要点。

（1）底层平面的相对标高为 ±0.000，其相应的绝对标高值常在设计说明中注明。室外

地面有变化时，应在典型处分别注出设计标高（如踏步起步处、坡道起始处等）。与室内出入口相邻的室外平台，一般均比室内标高低20～30mm，以防雨水进入。人流频繁处常不做高差，但室外平台需向外找坡。

（2）底层平面图上应画指北针，一般位于图纸角部。

（3）底层平面图上应画剖切符号。剖切符号常选在层高、层数、空间变化较多，最具有代表性的部位，复杂者还常画多个剖视方向的全部或局部剖面。

（4）有些类型的建筑物，底层需做无障碍设计，如坡道等。

（5）底层平面图中常表示散水、简单的地沟等，如果地沟较复杂，常单独画图表示。

（6）底层平面图中的虚线，常表示二层或地下等看不见的投影位置，如雨篷、中庭等。

实例：

如附图中某学院办公楼建施04一层平面图。

六 楼层平面图

楼层平面图是指二层及二层以上的各楼层的平面图。通常情况下，每层都应出平面图，注明图名及比例。由于结构体系及使用布置基本定型，楼层平面图只是在向内缩减或向外悬挑，同底层平面图相比变化不大，但应注意细小的变化，随着楼层的加高，承重墙和柱截面尺寸是变化的，留意这些变化以免出错。再者，顶层平面图中，变化较大的是楼梯间、踏步止步及栏杆扶手。

由于楼层平面图常采用较简化的形式表达，所以，应对其常见的简化方法有一些了解：

（1）完全相同的多个楼层平面（也称标准层），可以共用一个平面图形，但需注明各楼层的标高，且图名应写明层次范围（如五至八层平面图）。

（2）当仅仅是墙、门、窗等有局部少量变动时，可以在共用平面图中用虚线表示，注明什么楼层即可。

（3）当仅仅是某层房间名称有变化时，只需在共用平面的房间名称下，另加注说明即可。

（4）当某层的局部变动较大，但其他部位仍相同时，可将变动部分画在平面之外，写明楼层并注写“其他部分仍同某层”即可。

（5）各楼层中相同的详图索引，可以只在首次出现的楼层上标注，其后的各层可省略，只标注变化和新出现者。

七 屋面平面图

屋面是建筑最上层覆盖的外围护结构，主要用以抵御自然界的风霜雨雪、太阳辐射、气温变化和其他外界的不利因素，以使屋面覆盖下的空间有良好的使用环境。屋面一般可分为坡屋面和平屋面。

（一）屋面平面图的内容

屋面平面应有女儿墙、檐口、天沟、坡度、坡向、落水口杯、屋脊（分水线）、变形缝、楼梯间、水箱、电梯间、天窗及挡风板、屋面上人孔、检修梯、室外消防楼梯及其他构筑物，必要的详图索引号、标高等；表示内容单一的屋面可缩小比例绘制。

（二）屋面平面图的识读要点

（1）屋面平面图常按照其复杂程度根据不同标高分别绘制，也可以把它们放在一起绘制。

（2）屋面平面图中，当一部分为室内，另一部分为屋面时，应注意室内外交接处（特别是门口处）的高差与防水处理。

（3）在屋面图中常只标注形状变化处的轴线及编号，以及其间的尺寸。如果形状较简单，常只标注其纵横向的首尾轴线、编号及其尺寸。

（4）每一个独立屋面的落水管管径和数量应根据当地的气候条件、暴雨强度、屋面汇水面积等确定。高处屋面的雨水常排到低处屋面，汇总后再排除。

（5）如有屋顶花园，常表示其固定设施的定位，如水池、山石、花坛、草坪等，并索引相关详图表示其具体做法和构造。

（6）檐沟、天沟应表示其位置、宽度、坡度及坡向等。

（7）屋顶上如果放置一些露天设备，如消防水箱等，常用虚线表示其外轮廓，并常用细实线绘制其设备基础。

八 局部放大平面图

常见的局部放大平面图有厕所、卫生间、复杂的楼梯、车库的坡道、人防口部、高层建筑的核心筒、教室、试验室等，有时某些局部吊顶也绘制局部放大平面图。局部放大平面图是由楼层平面索引、派生出来的，它们有着直接的联系但又有很大的不同。局部放大平面图常在首次出现的平面图中索引，其后重复出现的楼层平面图中不再索引平面图中已被索引放大平面的部分，不再标注将会在放大平面图中交代的尺寸、标高、详图索引等。此外，放大平面图中的门窗不再标注门窗编号。放大平面图和平面图应互相对照查阅才能清楚该部分的全部内容。两者的不同主要是由于比例的不同造成的。放大平面图一般采用1∶50的比例，在这种比例的图纸上，需详细表示材料图例；放大平面图中常表示其设施，包括设施的位置、主要尺寸，如卫生间放大平面图中要表示马桶、洗脸盆、浴缸（淋浴）的位置和主要尺寸，甚至其做法、要求等，而这些在平面图中常不表达。

放大平面图主要还是表达建筑构、配件或设施的位置，而不是以表达构造、做法为主，所以，一些与构造、做法有关的更详细的内容可不表示。总之，平面图上产生放大平面图视下列情况而定：

（1）平面图中的某些部分较复杂，在平面图上难以标注清楚尺寸，这时可索引放大平面图，利用较大的比例，把这些尺寸标注清楚，如复杂的楼梯。

（2）平面图中的某些房间，如果表示其中的设施，则显得既拥挤又标注不下，而这些设备又必须表示，这时可索引放大平面图，在放大平面图中表示这些设施及其定位、尺寸等，如卫生间、教室等。

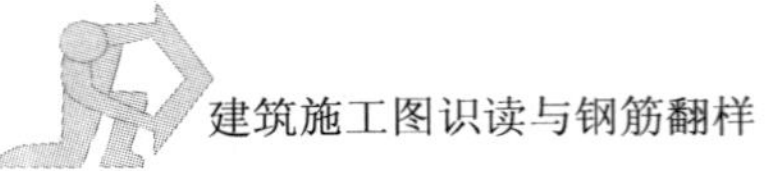

（3）某些设计内容直接在平面图中根本无法表示清楚，这时可在相应位置的平面图上索引放大平面图，如局部吊顶等。

当放大平面图较多时，应整理在同一张图纸上依次编排在紧接平面图的位置。如果较少，则可与大样图放在一起编排在尾部。

第六节　施工图中的立面图

一　立面图的形成及作用

1. 形成

建筑物四个面依赖正投影原理成图，按轴线编号来命名。房屋立面如果有一部分不平行于投影面，如圆弧形、折线形、曲线形等，可将该部分展开（摊平）到与投影面平行，再用正投影法画出其立面图，并在图名后注写“展开”。

2. 作用

在设计阶段，立面图主要用来研究其外形艺术处理。在施工图中，它主要反映房屋的外貌和立面装修的一些做法。

立面图是设计师表达立面设计效果的重要图纸，在施工中是外墙造型、外墙面装修、工程概预算、备料等的依据。

二　立面图图纸的编排

各种立面图常集中在一起，一般紧挨平面图之后编排。

三　立面图的内容

（1）两端轴线编号，立面较复杂时可用展开立面表示，但应准确注明转角处的轴线编号。

（2）立面外轮廓及主要结构和建筑构造部件的位置，如女儿墙顶、檐口、柱、变形缝、室外楼梯和垂直爬梯、室外空调机搁板、阳台、栏杆、台阶、坡道、花台、雨篷、烟囱、勒角、门窗、幕墙、洞口、门头、雨水管，其他装饰构件、线脚和粉刷分格线等，关键控制标高的标注，如屋面或女儿墙标高等；外墙的留洞应注尺寸与标高或高度尺寸（宽×高×深及定位关系尺寸）。

（3）平、剖面未能表示出来的屋顶、檐口、女儿墙、窗台以及其他装饰构件、线脚等标高或高度。

（4）在平面图上表达不清的窗编号。

（5）各部分装饰用料名称或代号，构造节点详图索引。

（6）图纸名称、比例。

（7）各个方向的立面表达。

四　立面图的识读要点

（1）由于比例为1:100或更小，立面图上的门、窗、幕墙、栏杆等一般用单线条表示其立面分格，在详图中才用双线条表示其框料宽度。

（2）立面图中不得加绘阴影和配景，如树木、车辆、人物等。

（3）在室外地面、主要出口和高低变化的檐口部位应标注标高，以方便看图。

（4）立面图的名称根据立面两端的定位轴线轴号编注，如①～⑧轴立面图、Ⓕ～Ⓐ轴立面图等。

（5）立面图常作如下简化：

①前后或左右完全相同的立面，可以只画一个，另一个作注明即可。

②立面图上相同的门窗、阳台、外装饰构件、构造做法等，可在局部重点表示，其他部分只画轮廓线。

③完全对称的立面，可只画一半，在对称处加绘对称符号即可。但由于这样表达外形不完整，一般较少采用。

（6）立面图的比例，可不必与平面图相同，常可采用1:150或1:200，以减少图幅，方便看图。

实例：

如附图中某学院办公楼建施各立面图。

第七节　施工图中的剖面图

一 剖面图的形成及作用

1. 形成

假想通过一个平行于投影面的剖切面把房屋沿剖切线垂直切平，移走观察者与剖切面之间的房屋部分，再对剩余部分的房屋作正投影，这就形成了剖面图。

剖面图的数量是根据房屋的具体情况和施工实际需要而定的。其位置应选择在能反映出房屋内部构造比较复杂与典型的部位，应通过门窗洞的位置。若为多层房屋，应选择在楼梯间或层高不同、层数不同的部位。

2. 作用

可以了解到建筑物各层的平面布置及立面的形状，了解建筑内部垂直方向的结构形成和分层情况、层高及各部位的相互关系，是施工、概预算及备料的重要依据。

二 剖面图图纸的编排

各种立面图常集中在一起，一般紧挨平面图、立面图之后编排。

三 剖面图的内容

（1）剖视位置应选在层高不同、层数不同、内外部空间比较复杂，具有代表性的部位；

建筑空间局部不同以及平面、立面均表达不清的部位，可绘制局部剖面。

（2）墙、柱、轴线和轴线编号。

（3）剖切到或可见的主要结构和建筑构造部件，如室外地面、底层地（楼）面、地坑、地沟、各层楼板、夹层、平台、吊顶、屋架、屋顶、出屋顶烟囱、天窗、挡风板、檐口、女儿墙、爬梯、门、窗、楼梯、台阶、坡道、散水、阳台、雨篷、洞口及其他装修等可见内容。

（4）尺寸标准。

①平面尺寸：通常只需要标出首尾轴线及其编号，以及相应轴线间尺寸。当建筑平面有较大转折时，转折处的轴线编号在立面图上也应标出。

②竖向尺寸：门、窗、洞口高度，室内外高差，女儿墙高度，层间高度，总高度。

③内部尺寸：地坑（沟）深度、隔断、内窗、洞口、平台、吊顶等。

（5）标高。主要结构和建筑构造部件的标高，如地面、楼面（含地下室）、平台、吊顶、屋面板、屋面檐口、女儿墙顶、高出屋面的建筑物和构造物及其他屋面特殊构件等的标高，室外地面标高。

（6）节点构造详图索引，装修材料说明及其他备注说明。

四 剖面图的识读要点

在识读建筑施工图的剖面图时，应特别注意以下几个问题：

（1）一般情况下，标高是指完成面的标高，否则应加注说明，如楼板为面层标高，屋面为结构板面标高。有时，考虑到建筑与结构专业的配合简单和方便，标高等尺寸均是指毛面尺寸，与结构尺寸相同，即不含装修的厚度。但在结构详图中，应把装修厚度情况表示清楚。以楼板为例，结构厚度为 100mm 时，加上其地面和顶棚的构造厚度，其完成面的厚度常不小于 160mm，在建筑专业的剖面图中，楼板还是按毛面厚度 100mm 来表示，但在详图中应表示出其不小于 160mm 的具体构造的厚度。

（2）对于通过转折剖形成的剖面图，在剖面图上常画出转折剖线，这样看图时更清楚。

（3）标注尺寸常简化表示，如当两道相对外墙的洞口尺寸、层间尺寸、建筑总高度尺寸相同时，仅标注一侧即可；当两者局部有不同时，只标注变化处的不同尺寸即可。

（4）在剖面图中，常表示室内外高差、门窗过梁、屋顶构造等内容，在识读时应对照其他图纸平面图、立面图等，从总体上把握其构造做法。

（5）因剖面图常选择在内外空间较复杂、最具代表性的部位，所以墙身大样或局部节点大样常从剖面图中引出，进行放大绘制，表达最为清楚。

（6）对于高层建筑，在剖面图上有时并非每层都标注标高和层数，而是隔数层标注，或在变化层标注。省略标注的楼层，其层高等尺寸是相同的。

五 剖面图的图形表达

1. 线条分级、分类

在剖面图中需将剖到和未剖到的部分区别开来，这常通过图中线条的粗细等级来表示：用粗线表示剖到的实体断面，如板、梁、墙等；用细线表示未剖到的在剖视方向可见的建筑构件，如门、栏杆等投影。其中，门窗被剖到后不应用粗线表示，而应采用图例的表示方法。

剖面图中，粗实线外有时也会有部分虚线。虚线通常是表示一些不可见的内容，如墙内的洞口、被遮挡的楼梯等。

2. 标准图例

标准图例是指用特定的图形来表示相应的内容，主要有材料和配件图例两种。

剖面图中的配件图例主要是指被剖到的门窗应如何表示。一般情况下，门窗都是用三或四根细实线表示，剖面图中未剖到的门窗应采用其洞口和分格线的投影线来表示。

剖面图中的材料图例主要用来表示不同的材料。钢筋混凝土用涂黑表示，用加粗的双实线表示砖的部分。

3. 适当概括

首先，在剖面图中一般不表达如粉刷线、踢脚线等内容。其次，在剖面图中对屋顶情况要概括表示，要表示出坡度的形成；结构找坡时屋面的结构板应是倾斜的，建筑找坡时结构板是水平的，并在结构板上用一根细实线表示屋顶的构造情况，这一根细实线就表示了包含由防水层、保温层、找平层等组成的屋顶构造。最后，剖面图中对轻钢雨篷、钢网架等构配件常用细实线表示其外轮廓和主要分格，其详细情况可索引详图来表示。

实例：

如附图中某学院办公楼建施各剖面图。

第八节　施工图中的大样图

大样图是指为表达局部构造、建筑装饰处理等而绘制的详图，作为对平、立、剖面图的补充和深化，是施工的重要依据之一，在识读建筑施工图时，应对大样图有足够的重视。

一　大样图的分类

根据所表达的内容，大样图常分为以下三类：

1. 构造详图

构造详图是指屋面、墙身、墙身内外饰面、吊顶、地面、地沟、地下工程防水、楼梯等建筑部位的用料和构造做法。其中，构造详图一般可以直接引用或参见相关的标准图。

2. 配件和设施详图

配件和设施详图是指门、窗、幕墙、浴厕等设施的用料、形式、尺寸和构造。

3. 装饰详图

装饰详图是指为美化室内外环境和视觉效果，在建筑物上所做的艺术处理，如花格窗、柱头、壁饰、地面图案的纹样、用材、尺寸等。

二 大样图的图形表达

大样图也是建立在正投影原理的基础上形成的，大样图的图纸，主要有平面大样、立面大样、剖面大样和材料样板等，其中尤以剖面大样居多。大样图的绘制比例通常为1:20～1:50，个别也可采用更大一些的比例，如1:10或1:5。由于比例较大，故在断面图形上需表示出其所采用的材料，并用材料图例表示。当一张图纸内只有一种材料或图形面积过小时，常不画其材料图例而用文字说明。

在大样图中，图形的线条也应分出粗细等级。平面和剖面大样图中，用粗实线表示剖到部分的轮廓，用细实线表示材料图例和可见的投影线，有时用虚线表示不可见的部分或某些设备、设施；立面大样图中，用粗实线表示轮廓、洞口等，用细实线表示分格线。所有的剖断符号、连接符号、引出线均用细实线表示。

三 墙身大样图

墙身大样图主要用来完整、系统、清楚地交代建筑立面的细部构成及其与结构构件、设备管线和室内空间的关系。它从剖面图图中外墙部位选取，是从上到下连续的放大节点图。墙身大样图常用的比例为1:20、1:30、1:50，是局部的放大，不能完全表达整体关系，其放大图不能代替剖面图。

1. 墙身大样图的内容

(1) 表示出各种构件和配件及其截面形状、相关尺寸（标高、竖向尺寸、水平尺寸）。

(2) 表示出所用材料。

(3) 表示出构造层次和构造方法。

2. 墙身大样图的识读要点

在查看墙身大样图时，首先要清楚它来自建筑整体中的哪个部位；其次要更进一步了解墙身内部的情况，包括其用料、构造和尺寸等。在识读墙身大样图时，还应注意以下几点：

(1) 每套施工图中一般都有一两个极具代表性的典型墙身大样图，它是典型部位从上至下连续表示了竖向各主要的部位和构配件，以及大量的构造方法，对此阅读，可以了解立面上很多细部构成。

(2) 在识读墙身大样图时，常过分关注定量尺寸而忽略定位尺寸，这对正确把握和理解细部非常不利。一个构、配件或装饰细部处于不同位置，在建筑建成后其效果也相差很大，如窗居墙中、与墙内平、与墙外平这三种情况，在建筑建成后无论其外观还是内部使用情况都是迥然不同的。因此，除关注定量尺寸外，在识读大样图时还应关注定位尺寸。

(3) 构造是墙身大样图中一项重要的内容，在识读时不仅要知道构造的做法，而且还要知道这种构造所解决的问题。如墙体构造，不仅要知道其每层做法，而且还要知道它们都是为了解决一些问题，如承重或围护、防水、保温、隔热等。

另外，墙身大样图中的一些工程做法常索引相关图纸而不在本图内交代，在识读时应注意对照查阅。

四 楼梯大样图

楼梯大样图主要用来表达楼梯的细部情况，常由平面图、剖面图和节点详图所组成。

1. 楼梯大样图的内容

（1）平面图。常采用 1:50 的比例，墙和柱的断面需表示材料图例，但可不表示粉刷线。楼梯平面图的底层、中间层和顶层的画法有所差别，所以楼梯平面图常采用底层平面、标准层平面、顶层平面表示。如有变化的部分，还应画出该层平面图。

在楼梯平面图中，主要表达踏步、平台、栏杆、梯井以及墙、柱等构配件。如果是封闭楼梯间，则门、窗配件也应表示。一般情况下，应准确表示踏步数和踏宽及其位置，栏杆、扶手的位置和范围等，并用文字和箭头表示楼梯的上下。楼梯平台处需加注标高。在尺寸标注时，横向尺寸常包括踏步宽度、梯段长度、平台深度及定位尺寸。如有门窗，常不对其进行标注，因门窗编号和尺寸在基本图中已有交代。

（2）剖面图。常采用 1:50 的比例，梁、板、墙等构件断面需表示材料图例，可不画粉刷线。楼梯剖面图常是纵剖面图，对于非常复杂的楼梯，有时也会增加其横剖面图。

在楼梯剖面图中，主要表达踏步、梯段板、平台板、梁、栏杆、扶手、墙等内容。其尺寸标注以竖向尺寸标注为主，水平尺寸只需标注平台深、梯段总长或只标注梯间总进深即可。竖向尺寸常标注踏步高度、栏杆高度、平台和梯段处的净高，并在平台和楼梯处标明标高。踏步高度常简化标注，表明总高度和等分即可。

（3）节点大样图。常采用 1:10 或 1:5 的比例。在楼梯部位，常绘制栏杆、扶手、防滑条、挡水线、踏步及凸缘等节点大样。其中，要表示清楚各构、配件的用料、断面形状、尺寸及其相互连接方法和构造层次。有部分节点可引用标准图。

2. 楼梯大样图的识读要点

在识读楼梯大样图时，应将平面图、剖面图、节点详图对照着形成一个整体，并注意以下问题：

（1）根据踏高和踏宽，计算初起梯段坡度。一般情况下，梯段坡度的合适范围为25°～45°，并应能满足 $b+2h=600\sim620$（b 表示踏宽，h 表示踏高，600～620 表示人的步距）。

（2）查看或计算平台处净高、梯段处净高、栏杆高度。一般情况下，它们应分别不小于 2.0m、2.2m、0.9m。如果楼梯水平段长超过 0.5m，则栏杆高度应不小于 1.0m。

（3）梯井的宽度是否方便施工和满足要求。如梯井宽度小于 80mm，则不易粉刷；而公建的梯井宽度要求不小于 150mm。在住宅等建筑中，梯井宽度超过 200mm 时，则需采取防护措施。

（4）注意特殊情况下梯段净宽的计算。如当框架凸出墙面时，梯段净宽不能算到墙边，只能算到梁边。

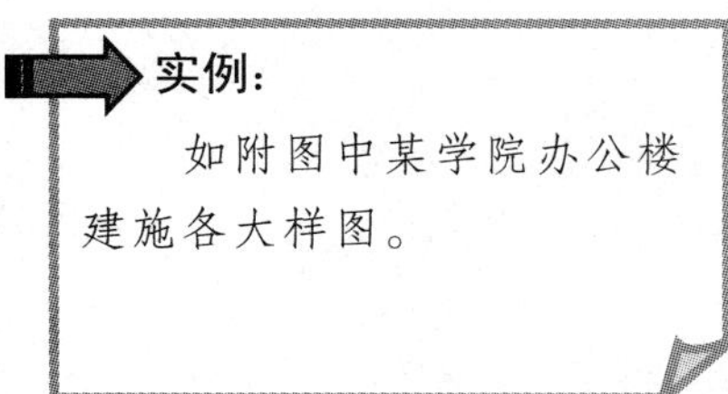

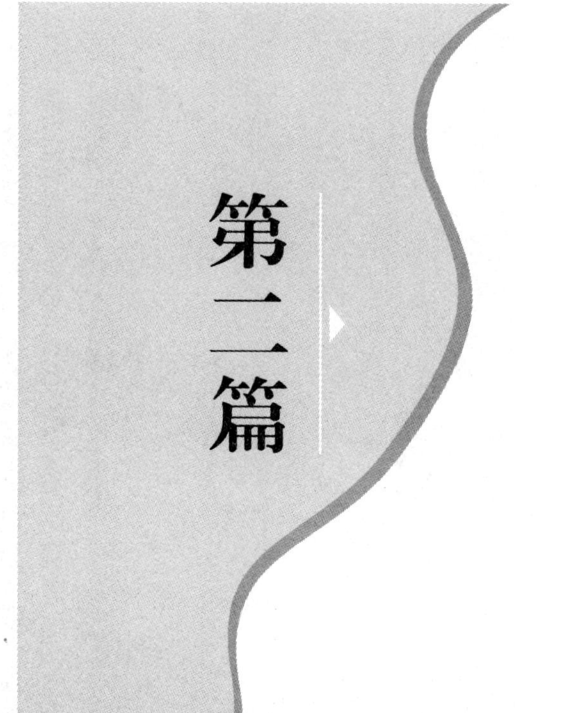

钢筋混凝土结构施工图识读

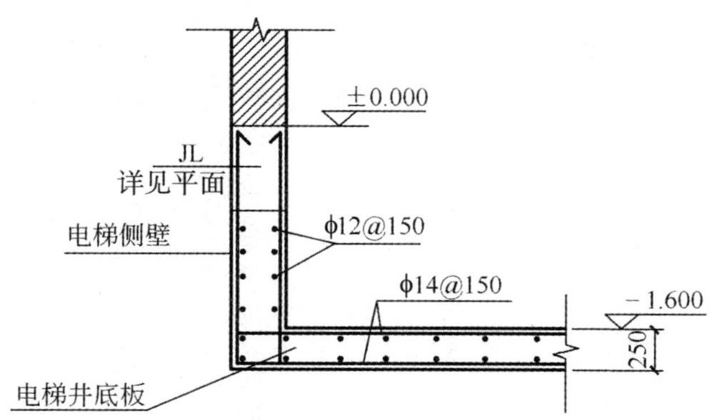

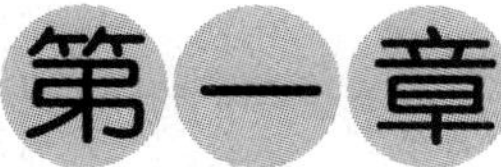

第一章 钢筋混凝土结构施工图识读的基本常识

房屋的结构施工图是根据房屋建筑中的承重构件进行结构设计后画出的图样。结构设计时要根据建筑要求选择结构类型，并进行合理布置，再通过力学计算确定构件的截面形状、大小、材料及构造等。结构施工图必须与建筑施工图密切配合，它们之间不能相互矛盾。

结构施工图与建筑施工图一样，是施工的依据。放线、土方开挖、基础施工、模板和钢筋安装、混凝土浇筑等施工过程都要用到结构施工图。结构施工图也是编制预算和施工进度计划的依据。

除了建筑施工图识读部分讲到的有关名称外，结构施工图识读部分还应掌握如下基本常识。

 图线和比例

1. 图线

图线的宽度 b，可以从下列线宽系列中选取：2.0mm、1.4mm、1.0mm、0.7mm、0.5mm、0.35mm。每个图样应根据复杂程度与比例大小，先确定适当的基本线宽 b，再选用相应的线宽组。线宽比为：粗线∶中粗线∶细线 = 4∶2∶1。

结构专业制图线形按表 2-1-1 选用。

线　形　　表 2-1-1

名称		线形	线宽	一般用途
实线	粗	————	b	螺栓、主钢筋线、结构平面图中的单线结构构件线、钢木支撑及系杆线，图名下横线、剖切线 =
	中	————	$0.5b$	结构平面图及详图中剖到或可见的墙身轮廓线、基础轮廓线、钢或木结构轮廓线、箍筋线、板钢筋线
	细	————	$0.25b$	可见的钢筋混凝土构件的轮廓线、尺寸线、标注引出线，标高符号，索引符号
虚线	粗	— — — — — ·	b	不可见的钢筋、螺栓线，结构平面图中的不可见的单线结构构件线及钢、木支撑线

续上表

名称		线形	线宽	一般用途
虚线	中	- - - - - - - -	0.5b	结构平面图中的不可见构件、墙身轮廓线及钢、木构件轮廓线
	细	- - - - - - - -	0.25b	基础平面图中的管沟轮廓线、不可见的钢筋混凝土构件轮廓线
单点长画线	粗	━ · ━ · ━ · ━	b	柱间支撑、垂直支撑、设备基础轴线图中的中心线
	细	—·—·—·—	0.25b	定位轴线、中心线、对称线等
双点长画线	粗	━ ·· ━ ·· ━	b	预应力钢筋线
	细	—··—··—··—	0.25b	原有结构轮廓线
折断线		—\/—	0.25b	断开界线
波浪线		～～	0.25b	断开界线

2. 比例

图样的比例，应为图形与实物相对应的线性尺寸之比。比例的大小，是指其比值的大小，如1:100大于1:200。建筑结构绘图所用的比例，应根据图样的用途与被绘对象的复杂程度，从表2-1-2中选用，并优先选用表中的常用比例。

建筑结构绘图所用的比例 表2-1-2

图名	常用比例	可用比例
结构平面图	1:50、1:100	1:60
基础平面图	1:150、1:200	
圈梁平面图，总图中管沟、地下设施等	1:200、1:500	1:300
详图	1:10、1:20	1:5、1:25、1:4

二 构件和材料强度代号

房屋结构的基本构件，如板、梁、柱等，种类繁多，布置复杂，为了图示简明扼要，并把构件区分清楚，常用构件代号来表示。代号一般用该构件名称的汉语拼音的第一个字母表示，详见表2-1-3。

常用构件代号 表2-1-3

序号	名称	代号	序号	名称	代号	序号	名称	代号
1	板	B	8	屋面框架梁	WKL	15	构造边缘转角墙柱	GJZ
2	屋面板	WB	9	暗梁	AL	16	约束边缘端柱	YDZ
3	空心板	KB	10	边框梁	BKL	17	约束边缘暗柱	YAZ
4	槽形板	CB	11	悬挑梁	XL	18	约束边缘翼墙柱	YYZ
5	折板	ZB	12	井字梁	JZL	19	约束边缘转角墙柱	YJZ
6	密肋板	MB	13	檩条	LJ	20	剪力墙墙身	Q
7	楼梯板	TB	14	屋架	WJ	21	挡土墙	DQ

续上表

序号	名　称	代号	序号	名　称	代号	序号	名　称	代号
22	盖板或沟盖板	GB	40	托架	TJ	58	桩	ZH
23	挡雨板或檐口板	YB	41	天窗架	CJ	59	承台	CT
24	吊车安全走道板	DB	42	框架	KJ	60	基础	J
25	墙板	QB	43	刚架	GJ	61	设备基础	SJ
26	天沟板	TGB	44	支架	ZJ	62	地沟	DG
27	梁	L	45	柱	Z	63	梯	T
28	屋面梁	WL	46	框架柱	KZ	64	雨篷	YP
29	吊车梁	DL	47	构造柱	GZ	65	阳台	YT
30	单轨吊车梁	DDL	48	框支柱	KZZ	66	梁垫	LD
31	轨道连接	DGL	49	芯柱	XZ	67	预埋件	M
32	车挡	CD	50	梁上柱	LZ	68	钢筋网	W
33	圈梁	QL	51	剪力墙上柱	QZ	69	钢筋骨架	G
34	过梁	GL	52	端柱	DZ	70	柱间支撑	ZC
35	连系梁	LL	53	扶壁柱	FBZ	71	垂直支撑	CC
36	基础梁	JL	54	非边缘暗柱	AZ	72	水平支撑	SC
37	楼梯梁	TL	55	构造边缘端柱	GDZ	73	天窗端壁	TD
38	框架梁	KL	56	构造边缘暗柱	GAZ			
39	框支梁	KZL	57	构造边缘翼墙柱	GYZ			

图纸上为了说明设计上需要的材料强度，采用强度等级来表示。现行《混凝土结构设计规范》（GB 50010—2002）规定的混凝土强度等级有C15、C20、C25、C30、C35、C40、C45、C50、C55、C60、C65、C70、C75和C80共14个等级，它是按边长为150mm的立方体的抗压强度标准值确定的，例如，C25表示立方体抗压强度标准值为25N/mm^2。其中，C50～C80属高强度混凝土范畴。砖的强度采用MU表示，烧结普通砖、烧结多孔砖的强度等级分为MU10、MU15、MU20、MU25和MU30共5个等级；砌块的强度等级分为MU5、MU7.5、MU10、MM15和MU20共5个等级。砂浆强度的标志符号用M表示，强度等级分为M2.5、M5、M7.5、M10和M15共5个等级。

三　钢筋的表示

1. 常用钢筋种类、强度等级、符号及强度标准值（表2-1-4）

常用钢筋种类、强度等级、符号及强度标准值　　表2-1-4

种　类		强度等级	符号	强度标准值 f_{yk}（N/mm^2）
热轧钢筋	HPB235（Q235）	I	ф	235
	HRB335（20MnSi）	II	Φ	335
	HRB400（20MnSiV、20MnSiNb、20MnTi）	III	Φ	400
	RRB400（K20MnSi）	III	$Φ_R$	400

2. 钢筋的名称、作用和标注方法

配置在钢筋混凝土结构构件中的钢筋，其作用可分为：

（1）受力钢筋：承受拉、压应力的钢筋。其配置需通过计算确定，并满足构造要求。

在梁、柱中，受力钢筋亦称纵向受力钢筋，标注时应说明其数量、品种和直径，例如：4ϕ16 表示配置 4 根 I 级钢筋，直径为 16mm。

在板中，标注时要说其品种、直径和间距，例如：ϕ8@150 表示配置 I 级钢，直径 8mm，间距 150mm。

（2）架立钢筋：一般设置在梁的受压区，与纵筋平行，用于固定箍筋，并能承受收缩和温度变化产生的内应力。其标注方法同梁内受力钢筋。

（3）构造钢筋：用于考虑计算模型和实际结构构件的偏差，承受收缩和温度变形，在梁、柱中尚可增加钢筋骨架的刚性。

当梁的腹板高度 $h_w \geqslant 450$mm 时，或当偏心受压柱的截面高度 $h \geqslant 600$mm 时，在梁或柱侧配置纵向构造钢筋，其标注方法同纵向受力钢筋。

对于现浇钢筋混凝土板，为抵抗可能出现的负弯矩，在板中需配置上部构造钢筋，标注方法同板中受力钢筋。

（4）分布钢筋：用于单向板、剪力墙。

在单向板中，为了承受收缩和温度变形，固定受力钢筋的位置，并使受力钢筋共同工作，在受力钢筋的垂直方向，需配置分布钢筋，标注方法同板中受力钢筋。

在剪力墙中布置的水平和竖向分布钢筋，除有上述作用外，尚可参与承受外荷载，其标注方法同板中受力钢筋。

（5）箍筋：用于承受梁、柱中的剪力、扭矩，固定纵向受力钢筋的位置等。标注箍筋时应说明箍筋的级别、直径、加密区与非加密区间距，并图示柱截面和箍筋的形式，例如：

ϕ10@100/200 表示采用 I 级钢，直径 10mm，加密区间距 100mm，非加密区间距 200mm。

ϕ10@100 表示采用 I 级钢，直径 10mm，间距均为 100mm。

当梁采用平面注写方式时，尚应注明箍筋的肢数，例如：

ϕ10@100/200（2）表示采用 I 级钢，直径 10mm，加密区间距 100mm，非加密区间距 200mm，均为两肢箍。

ϕ10@100（4）/150（2）表示采用 I 级钢，直径 10mm，加密区间距 100mm，非加密区间距 150mm，加密区为四肢箍，非加密区为两肢箍。

（6）拉筋：用以拉结梁侧设有的构造筋或剪力墙内双排分布钢筋网。标注时，应注明钢筋级别、直径、水平和竖向间距。

在梁中的拉筋间距一般应为箍筋间距的 2 倍。

在剪力墙中，如：ϕ6@600、ϕ6@600×600 表示拉筋为 I 级钢，直径 6mm，水平和竖向间距均为 600mm。

3. 钢筋的表示方法

对钢筋混凝土结构构件，了解钢筋的配置情况非常重要。在结构施工图中，钢筋用粗实线表示，一般钢筋的表示方法如表 2-1-5 所示。

一般钢筋的表示方法 表 2-1-5

序号	名 称	图 例	说 明
1	钢筋横截面	•	
2	无弯钩的钢筋端部		下图表示长、短钢筋投影重叠时，短钢筋的端部用45°斜画线表示
3	带半圆形弯钩的钢筋端部		
4	带直钩的钢筋端部		
5	带丝扣的钢筋端部		
6	无弯钩的钢筋搭接		
7	带半圆弯钩的钢筋搭接		
8	带直钩的钢筋搭接		
9	花篮螺丝钢筋接头		
10	机械连接的钢筋接头		用文字说明机械连接的方式（冷挤压或锥螺纹等）

4. 预埋件、预留孔洞的表示方法

在混凝土构件上设置预埋件时，预埋件的表示方法如图2-1-1a)、b) 所示，引出线指向预埋件，引出横线上标注预埋件的代号；当混凝土构件的正、反面同一位置均设置相同的预埋件时，预埋件的表示方法如图2-1-1c) 所示，引出线为一条实线和一条虚线并指向预埋件，引出横线上标注预埋件的数量和代号；当混凝土构件的正、反面同一位置设置编号不同的预埋件时，预埋件的表示方法如图2-1-1d) 所示，引出线为一条实线和一条虚线并指向预埋件，引出横线上标注正面预埋件的代号，引出横线下标注反面预埋件的代号。

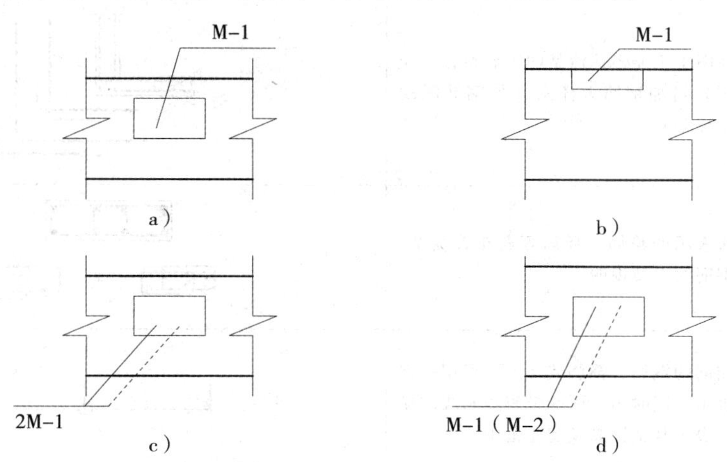

图 2-1-1 预埋件的表示方法

在构件设置预留孔或预埋套管时，预留孔洞或预埋管的方法如图 2-1-2 所示，引出线指向预留（埋）位置，引出横线上标注预留孔洞的尺寸或预埋套管的外径，横线下方标注孔洞或套管的中心标高或底标高。

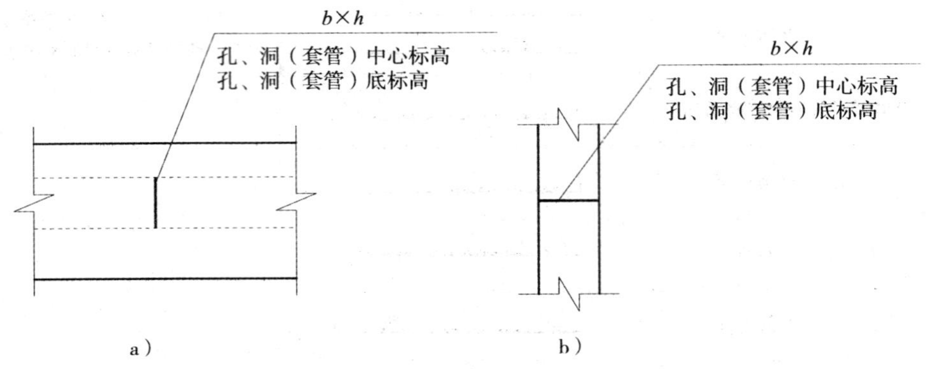

图 2-1-2　预留孔、洞及预埋套管的表示方法

钢筋在结构构件中的画法如表 2-1-6 所示。

钢筋的画法　　表 2-1-6

序号	说明	图例
1	在结构平面图中配置双层钢筋时，底层钢筋的弯钩应向上或向左，顶层钢筋的弯钩则向下或向右	
2	钢筋混凝土墙体配双层钢筋时，在配筋立面图中，远面钢筋的弯钩应向上或向左，而近面钢筋的弯钩向下或向右（JM 近面，YM 远面）	JM YM JM YM　JM YM JM YM
3	在断面图中不能表达清楚的钢筋布置，应在断面图外增加钢筋大样图（如钢筋混凝土墙、楼梯等）	
4	图中所表示的箍筋、环筋等若布置复杂，可加画钢筋大样及说明	或
5	每组相同的钢筋、箍筋或环筋，可用一根粗实线表示，同时用一两端带斜短画线的横穿细线，表示其余钢筋及起止范围	

第二章 结构施工图的组成与识读

第一节 结构施工图的组成

结构施工图的组成一般包括：结构图纸目录、结构图纸设计总说明、结构平面图和结构详图。

一 结构图纸目录

由结构图纸目录可了解到图纸的排列、总张数和每张图纸的内容，校对图纸的完整性，查找所需要的图纸。

实例：

如附图中某学院办公楼结构施工图目录。

二 结构图纸设计总说明

结构图纸设计总说明的主要内容有：

（1）设计 ±0.000 相对标高所对应的绝对标高值。

（2）设计的主要依据，如设计所用的规范、地质勘探报告等。

（3）结构安全等级、设计使用年限、屋面及地下结构防水等级和混凝土结构所处的环境类别。

（4）建筑抗震设防类别、建筑场地抗震设防烈度、场地类别、设计基本地震加速度值、所属的设计地震分组以及混凝土结构的抗震等级。

（5）基本风压值和地面粗糙度类别。

（6）活荷载取值，包括二次装修活荷载取值。

（7）所选用结构材料的品种、规格、型号、性能、强度等级及对混凝土有抗渗要求的抗渗等级。

（8）结构构造做法，如钢筋锚固搭接长度、预留洞口、填充墙与构造柱等。

（9）地基基础的设计类型与设计等级，对地基基础施工、验收要求以及对地基处理措施与技术要求。

钢筋混凝土框架结构设计总说明：

实例：

如附图中某学院办公楼结施 01 结构设计总说明。

三 结构平面图

结构平面图包括基础平面图及主体结构平面图。

（1）基础平面图主要描绘基础的位置、所属轴线，以及基础内留洞、构件管沟、地基变化的台阶、基底标高情况，还包括基础大样图的具体构造。

（2）结构平面图一般指 ±0.000 以上的主体结构构造平面。

四 结构详图

结构详图主要包括梁、板、柱及基础详图，楼梯结构详图等。

第二节　结构施工图识读方法和步骤

一 建筑施工图和结构施工图的综合看图方法

施工中，往往同时要看建筑图和结构图，只有把二者结合起来看，施工才能进行。

1. 建筑图与结构图的关系

（1）相同的地方：轴线位置、编号都相同，墙体厚度应相同，过梁位置与门窗洞口位置应相符合等。因此凡是应相符合的地方都应相同，如果有不符合，这就有了矛盾，有了问题，在看图时应记下来，在会审图纸时提出，或随时与设计人员联系，以便得到解决，使图纸对口才能施工。

（2）不相同的地方：建筑标高有时与结构标高是不一样的；结构尺寸和建筑（做好装饰后的）尺寸是不相同的；承重结构墙在结构平面图上有，非承重的隔断墙则在建筑图上才有等。这些要在积累经验后，了解到哪些东西应在哪种图纸上看到，才能了解建筑物的全貌。

（3）相关联的地方：结构图和建筑图相关联的地方，必须同时看两种图。民用建筑中如雨篷、阳台的结构图和建筑的装饰图必须结合起来看；如圈梁的结构布置图中圈梁通过门、窗口处对门窗高度有无影响，这也要把两种图纸结合起来看；还有楼梯的结构图往往与建筑图结合在一起绘制等。工业建筑中，建筑部分的图纸与结构图纸很接近，如外墙围护结构就绘制在建筑图上，还有柱子与墙体的联结，这就要将两种图纸结合起来看。随着施工经验和看图经验的不断积累，就会慢慢熟悉建筑图和结构图相关联处的结合看图方法。

2. 综合看图应注意的事项

（1）查看建筑尺寸和结构尺寸有无矛盾之处。

（2）建筑标高和结构标高之差，是否符合应增加的装饰厚度。

（3）建筑图上的一些构造，在做结构时是否需要先做上预埋件或木砖之类。

（4）结构施工时，应考虑建筑安装时尺寸上的放大或缩小。这在图上是没有具体标志的，但依据施工经验及看了两种图后的配合，应该预先想到应放大或缩小的尺寸。

（5）砖砌结构，尤其是清水砖墙，在结构施工图上的标高，应尽量结合砖的皮数尺寸，做到在施工中把两者结合起来。

以上几点只是应引起注意的一些方面，在看图时全面考虑到施工，才能算真正领会和消化了图纸。

二 识图注意事项

（1）施工图是根据投影原理绘制的，用图纸表明房屋建筑的设计及构造做法。所以施工图，应掌握投影原理和房屋建筑的基本构造。

（2）施工图采用了一些图例符号以及必要的文字说明，共同把设计内容表现在图纸上。因此要看懂施工图，还必须记住常用的图例符号。

（3）看图时要注意从粗到细，从大到小。先粗看一遍，了解工程的概貌，然后再仔细看。细看时应先看总说明和基本图纸，然后再深入看构件图和详图。

（4）一套施工图是由各工种的许多张图纸组成，各图纸之间是互相配合、紧密联系的。图纸的绘制大体是按照施工过程中不同的工种、工序分成一定的层次和部位进行的，因此要有联系、综合地看图。

（5）结合实际看图。根据实践、认识、再实践、再认识的规律，看图时联系生产实践，就能比较快地掌握图纸的内容。

此外，还应注意建筑标高和结构标高之差是否满足设计要求，构件与构件间的标高是否相对应；构件间能否满足搭接要求和使用要求；建筑图所用的材料对使用功能是否有影响，是否需要在结构上局部加强。

第三节　基础施工图

一 钢筋混凝土结构基础的类型

1. 钢筋混凝土独立基础

（1）柱下独立基础：框架结构或内框架结构的承重柱下，通常采用独立基础，其断面形式有阶梯形、锥台形、杯形等。

（2）墙下独立基础：承重墙下的地基土层较弱时，做条形基础要深挖基槽，土方量较大。此种情况下可采用墙下独立基础。独立基础穿过软土层支承在下面的持力层上，墙下设基础梁支承在独立基础上。

2. 条形基础

条形基础呈连续带状，也叫带形基础。它一般纵横交错成井字格，故又称井格式基础，可分为墙下条形基础和柱下条形基础。

3. 钢筋混凝土筏板基础

当上部荷载较大，地基承载能力较低，所采用的墙下条形基础或柱下条形基础的底面积接近于房屋的底面积时，可考虑将基础底面积连成一片，成为筏板基础。

（1）墙下筏板基础：由墙下钢筋混凝土条形基础演变而来，大量应用于多层和中高层民用建筑。

（2）柱下筏板基础：由柱下钢筋混凝土条形基础演变而来，应用于大量的框架结构民用建筑。

以上两种筏板基础，按结构形式分为板式和梁板式两种。

4. 桩基础

当地基土质软弱，不宜采用天然地基基础时，或为减小沉降，消除对临近建筑物的不利影响时，常采用桩基础。按制作和施工方式的不同，桩基础可分为预制桩和灌注桩两大类。预制桩有预制钢筋混凝土方桩、预制预应力混凝土管桩等。灌注桩有钻孔灌注桩、冲孔灌注桩、沉管灌注桩和挖孔灌注桩。

 基础平面图

（一）柱下独立基础平面图

附图中，结施 02 是某学院办公楼框架结构的柱下独立基础平面布置图，其图示方法和阅读要点如下：

1. 独立基础的图线与画法

柱的断面涂黑且较规整地布置在纵横交错的轴线处，柱四周最外方形细实线轮廓是独立基础底板边线，中间的方形细实线是台阶边线。

2. 独立基础的标注方法

（1）基础的类型：由于各种基础的计算结果不同，引起各种基础外部形状和内部构造不相同，本图中有 I、II、III、IV 共四种类型。

（2）基础的代号与编号：在图中要注明各种基础的代号和编号，如③轴与Ⓐ轴线交点处的基础为 J4。

3. 尺寸标注

（1）轴线定位尺寸。

（2）独立基础的大小尺寸及定位尺寸，如附图基础平面图中③轴与Ⓐ轴线的交点 J4，$A=B=2\,100$mm 为独立基础大小尺寸，A 边方向的 925mm 或 1 175mm 及 B 边方向的 925mm 或 1 175mm是定位尺寸。

（3）基底标高、±0.000 对应的绝对标高（如本工程为 24.200）、垫层厚度以及要求挖深进入持力层的深度。

（4）各台阶的尺寸。

以上尺寸可根据独立基础类型的平面图、剖面图以及独立基础明细表中查得。

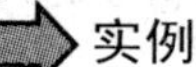

实例：

如附图中某学院办公楼结施 02 基础平面布置图。

4. 独立基础钢筋表示法

(1) 独立基础底板钢筋：从对应类型的独立基础剖面图上看出纵横钢筋①、②的标注，然后再从独立基础明细表查出，如 J4 中①为 ϕ12@125，②为 ϕ12@125，见图 2-2-1。有时有些图纸采用局部剖切标注，如配筋简化比例图。

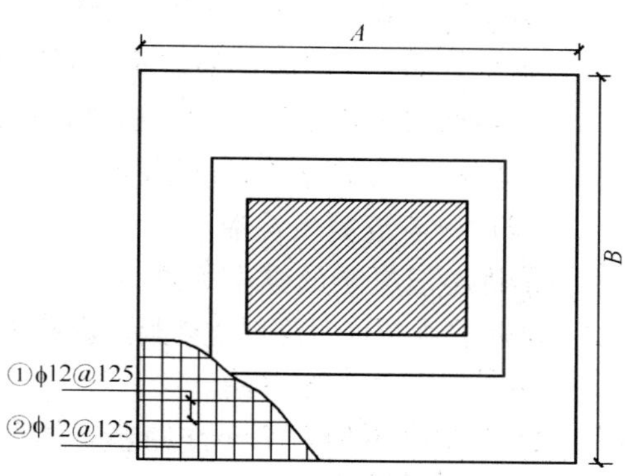

图 2-2-1　独立基础底板钢筋表示方法

(2) 插筋：从独立基础剖面图上读出插筋的形状，根数与对应框架柱中的钢筋相同，插筋在基础内用三根箍筋连接起来，并用扎丝绑扎在底板纵横钢筋上，其位置与对应框架柱中的钢筋位置相同。(插筋的计算及与柱纵筋连接详见第三篇)

(3) 双柱、多柱组合情况下的配筋：

实例：

如附图中某学院办公楼结施 02 基础平面布置图中的"4-4"。

5. 基础材料的强度等级

混凝土为 C25，垫层为素混凝土 C15。

(二) 桩平面布置图

现以人工挖孔桩为例来说明。

1. 人工挖孔桩统一说明

(1) 一般说明

①本工程 ±0.000 对应的绝对标高。

②根据地质钻探资料本工程的桩深保证长度，桩长具体见桩基础表。

③桩端支承层：

a. 桩支承在什么岩层上，进入持力层的深度不小于多少；

b. 桩端的承载力特征值。

(2) 成孔

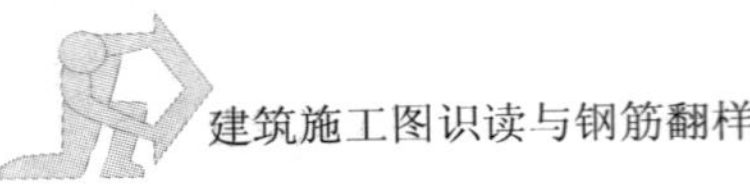

桩直径 D，桩端须作扩大头处理，扩大部分一般不做护壁，其相应的数据详见桩基础表。

（3）护壁

①桩护壁混凝土的强度等级、钢筋的级别、护壁做法、节高要求、具体尺寸见其大标图。

②护壁留排水孔便于组织排水情况。

③护壁做几节后，再检查其桩的垂直度及校核中心位置。

（4）钢筋笼制作及安装

①纵筋：钢筋级别、直径、间距、接长要求。

②水平钢筋、横向加劲箍筋、螺旋箍筋：钢筋级别、直径、间距，纵横筋交点焊接要求。

③钢筋的保护层厚及保证保护层厚的措施。

④桩顶纵筋的锚固长度要求。

（5）桩心混凝土浇灌

①桩心混凝土的强度等级。

②桩扩孔清底，随即浇灌封底混凝土，封底混凝土最小高度一般为入持力层深度加200mm。

③混凝土的浇灌方法。

（6）挖孔桩的施工允许偏差、桩直径、桩中心垂直度

（7）质检要求

2. 桩平面布置图

桩平面布置图是指在桩顶处的水平剖切投影图。剖切到的桩的轮廓线用中实线绘制，其内容包括：

（1）图名和比例应与建筑平面图相同，常用比例为1∶100、1∶200；

（2）定位轴线及其编号、间距尺寸、桩中心与轴线的尺寸关系；

（3）承台的平面位置及其代号和编号。

3. 桩身剖面图及桩基础

桩身剖面图是指通过桩中心的竖直剖切图。剖切到的桩轮廓线、承台边线用中实线绘制，钢筋用粗实线绘制，由于桩身较长，某一部分用折断线断开，省略绘制，其内容包括：

（1）图名；

（2）桩的直径、长度、桩顶嵌入承台内的长度（≥100mm）；

（3）桩中主筋的根数、级别、直径、在桩中的长度、伸入承台内的锚固长度；

（4）螺旋筋及内加劲箍的级别和直径、间距；

（5）桩身断面图的剖切位置；

（6）混凝土的强度等级、桩顶设计标高、单桩竖向承载力特征值、桩尺寸、桩端扩大头尺寸、桩配筋可查阅相应桩基平面图对应的桩基础表。

4. 桩平面布置图的识图步骤

（1）查看图名、比例；

（2）校核轴线编号及其间距尺寸，要求须与建筑图保持一致；

（3）阅读说明，明确桩的施工方法，校核施工方法、单桩承载力设计值等与地质条件是否相等；

（4）配合桩身剖面图和说明，分清不同长度或桩顶标高桩的种类，明确每种桩的桩顶

标高、分布位置和数量；

（5）根据桩身剖面图和说明，明确每种桩的直径、长度、配筋情况；

（6）根据说明，明确桩的材料、构造要求；

（7）明确试桩的数量和位置，并拟订为缩短工期，提早试桩的措施。

5. 桩平面布置图的识读实例

如图 2-2-2 所示，为桩平面布置图、桩身剖面图，从中可以了解以下内容：

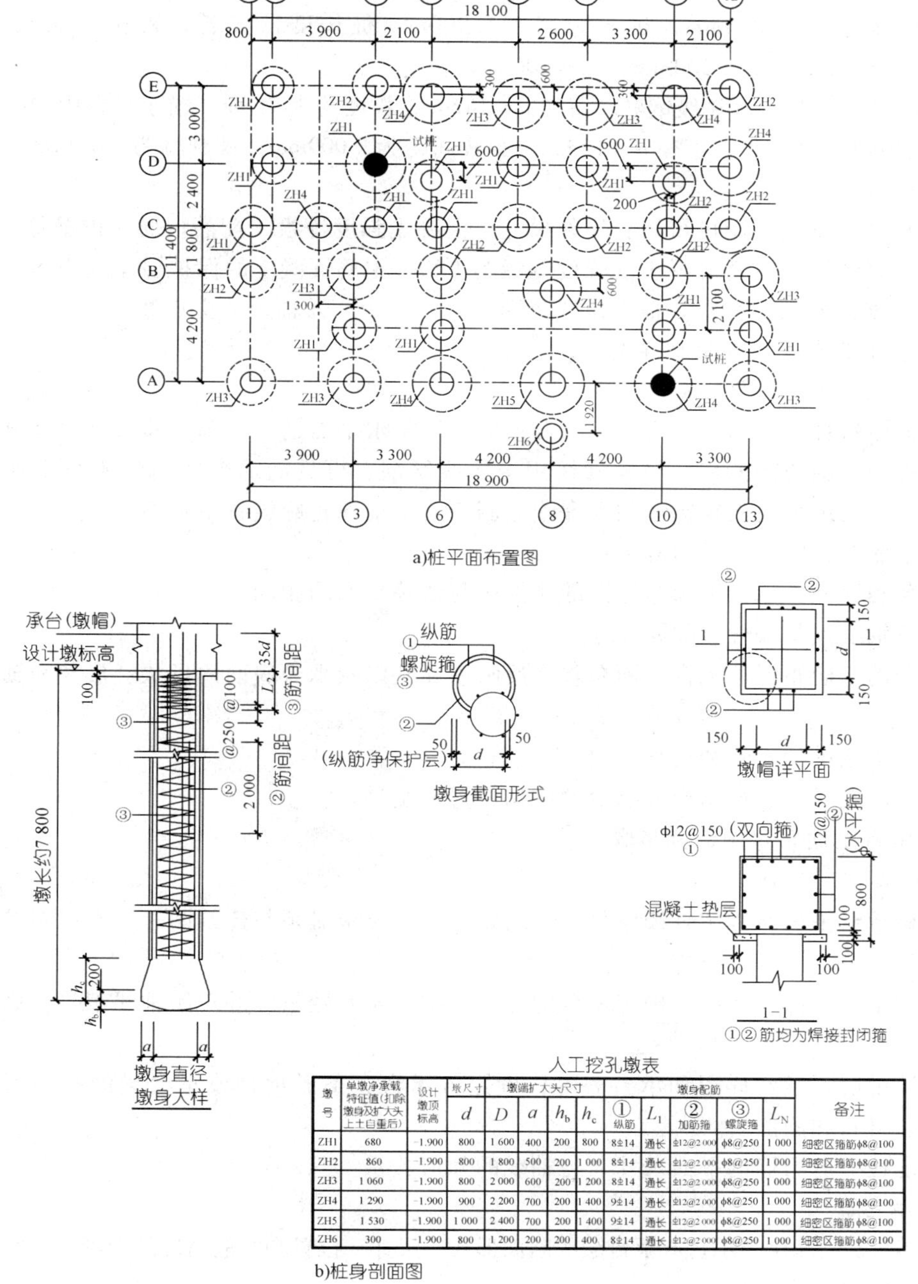

墩号	单墩净承载特征值(扣除墩身及扩大头上土自重后)	设计墩顶标高	墩尺寸	墩端扩大头尺寸				墩身配筋					备注
			d	D	a	h_b	h_c	① 纵筋	L_1	② 加筋箍	③ 螺旋箍	L_N	
ZH1	680	-1.900	800	1 600	400	200	800	8⌀14	通长	⌀12@2 000	ϕ8@250	1 000	细密区箍筋ϕ8@100
ZH2	860	-1.900	800	1 800	500	200	1 000	8⌀14	通长	⌀12@2 000	ϕ8@250	1 000	细密区箍筋ϕ8@100
ZH3	1 060	-1.900	800	2 000	600	200	1 200	8⌀14	通长	⌀12@2 000	ϕ8@250	1 000	细密区箍筋ϕ8@100
ZH4	1 290	-1.900	900	2 200	700	200	1 400	9⌀14	通长	⌀12@2 000	ϕ8@250	1 000	细密区箍筋ϕ8@100
ZH5	1 530	-1.900	1 000	2 400	700	200	1 400	9⌀14	通长	⌀12@2 000	ϕ8@250	1 000	细密区箍筋ϕ8@100
ZH6	300	-1.900	800	1 200	200	200	400	8⌀14	通长	⌀12@2 000	ϕ8@250	1 000	细密区箍筋ϕ8@100

b)桩身剖面图

图 2-2-2　桩平面图及其桩身剖面图（尺寸单位：mm）

（1）桩平面布置情况，绘制比例1:100，轴线编号及标注尺寸与建筑图一致。

（2）本工程为人工挖孔桩，从而可读得：成孔护壁，钢筋笼制作与安装，混凝土的浇筑、安全、质量等技术要求，为组织施工取得第一手资料。（一般在设计说明中表达）

（3）由桩身大样（纵向剖切图）、桩基础表可读得：

①桩顶标高为 -1.900。

②桩的类型有ZH1、ZH2、ZH3、ZH4、ZH5、ZH6，桩径分别800mm、800mm、800mm、900mm、1 000mm、800mm。

如ZH1直径 d = 800mm，桩头标高 -1.900m，桩长度按实长，桩扩大头尺寸 D = 1 600mm，a = 400mm，h_b = 200mm，h_c = 800mm。

③配筋情况：主筋为II级钢筋，直径 d = 14mm，长度约为7.8m，锚于承台中的锚固长度为35d；内加劲箍为II级，直径 d = 12mm，布置间距为2 000mm；螺旋箍为ϕ8@100/250，加密区长为1 000mm。

（4）根据护壁大样图可得知：制作尺寸、混凝土强度等级、配筋情况、护壁每节高度。

（5）根据说明，桩身混凝土的强度等级为C20，主筋混凝土的保护层厚度为50mm。

（6）根据说明试桩数量2根，位置分别为④/Ⓓ、⑩/Ⓐ轴线的交点处。

6. 承台平面布置图及承台详图

（1）承台平面布置图

承台平面布置图是用一个略高于承台顶面的假想水平面剖切基础，移去上面部分而形成的水平投影图。剖切到的墙、柱轮廓线用中实线绘制，可见的承台底面轮廓线用细实线绘制，重叠部分的承台底面轮廓线用细虚线绘制，其他细部轮廓线省略不画。

承台平面布置图的主要内容为：

①图名和比例。承台平面布置图的比例应与建筑平面图相同。

②定位轴线及其编号、间距尺寸。

③承台的平面布置。承台平面布置应反映墙和柱以及承台底面的形状、尺寸和轴线的直线关系。

④承台连系梁的布置和代号。

⑤承台的编号、条形承台或承台的剖切位置和编号。

（2）承台平面布置图识读步骤

①查看图名、比例。

②校核承台平面布置图轴线编号及其间距尺寸，要求必须与建筑图、桩平面布置图保持一致。

③查阅承台平面布置图，确定承台的形式、编号及其数量，并对照轴线编号，确定各承台的位置。

④参照说明、承台详图和承台表等，确定各承台、条形承台或承台梁的断面形状、尺寸、标高、材料和配筋。

⑤确定柱、剪力墙的平面尺寸、与轴线的几何关系。

（3）承台详图

承台详图是用来反映承台或承台梁的断面形式、尺寸、位置和配筋情况的图纸。

承台详图的内容包括：

①图名和比例；

②承台或承梁的断面形式、尺寸、标高和配筋情况；

③承台表；

④垫层的厚度、材料和强度等级。

（4）承台平面布置图及承台详图实例

如图 2-2-2 所示为某工程的承台布置图及其承台详图，从中可以了解到以下内容：

①绘制比例为 1:100，轴线编号及其间距尺寸与建筑图、桩平面布置图一致，且承台中心与桩中心重合。

②承台的类型只有一种，承台顶面标高为 -1.300m，平面尺寸为（d +300mm）×（d +300mm），高为 600mm，混凝土的强度等级为 C25。

③承台垫层为 C15 素混凝土垫层，厚 100mm。

④承台配筋情况，上、下双向钢筋均为 ϕ12@150，左、右纵筋为 ϕ12@150、水平筋为 ϕ12@200，其钢筋保护层厚为 40mm。

⑤柱子的插筋插入承台内，插筋根数与对应的柱子相同，插筋由两根 ϕ8 箍筋固定。

第四节　结构平面图

一　结构平面图的形成

楼层结构平面图是假想水平面将建筑物水平剖开，向下投影而成的水平剖面图。它是用来表示各层柱、墙、梁、板、过梁和圈梁等的平面布置情况，以及各现浇混凝土构件构造尺寸与配筋情况的图纸。

二　结构平面图的内容

建筑物结构平面图一般包括以下内容：

（1）定位轴线及其编号、间距尺寸；

（2）墙体、门窗洞口的位置以及在门窗洞口处布置的过梁或连梁的编号等；

（3）构造柱和柱的编号、位置、尺寸和配筋；

（4）钢筋混凝土梁的编号、位置以及现浇钢筋混凝土梁的尺寸和配筋情况；

（5）预制板的布置情况和现浇钢筋混凝土板的标高、厚度和配筋情况；

（6）各节点详图的剖切位置。

砌体结构中的圈梁平面布置另用示意图说明。在圈梁平面布置中，圈梁一般用粗实线或粗点画线绘制，要求给出圈梁的编号、截面尺寸和配筋情况。

现浇混凝土结构的柱、剪力墙、梁等施工图一般采用平面整体表示方法绘制，即把结构构件的尺寸和配筋等，按照平面整体表示方法制图规则，整体直接表达在各类构件的结构平面布置图上，再与标准构造详图相配合，构成一套完整的结构设计。根据结构的复杂程度，上述结构平面图内容中的柱、墙、梁、板单独或合并绘制。

另外，在平法施工图中，用表格或其他方式标注包括地下和地上各层的结构层楼（地）面标高、结构层高和相应的结构层号。

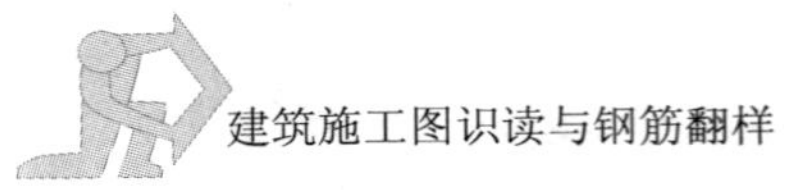

三 柱平法施工图

柱平面图是假想从楼层中部将建筑物水平剖开，向下投影而成的。柱平法施工图则是在柱平面布置图上采用截面注写方式或列表注写方式表达框架柱、框支柱、芯柱、梁上柱和剪力墙上柱的截面尺寸、与轴线的几何关系和配筋情况。

（一）柱平法施工图的主要内容

柱平法施工图的主要内容包括：

（1）图名和比例。柱平法施工图的比例应与建筑平面图相同。

（2）定位轴线及其编号、间距尺寸。

（3）柱的编号、平面布置应反映柱与轴线的直线关系。

（4）每一种编号柱的标高、截面尺寸、纵向钢筋和箍筋的配置情况。

（5）必要的设计说明。

注写每一种编号柱的截面尺寸、纵向钢筋和箍筋的配置情况都有两种方式：列表注写方式和截面注写方式。

1. 列表注写方式

列表注写方式，系在柱平面布置图上（一般只需采用适当比例绘制一张柱平面布置图，包括框架柱、框支柱、梁上柱和剪力墙上柱），分别在同一编号的柱中选择一个（有时需要选择几个）截面标注几何参数代号：在柱表中注写柱号、柱段起止标高、几何尺寸（含柱截面对轴线的偏心情况）与配筋的具体数值，并配以各种柱截面形状及其箍筋类型图的方式，来表达柱平法施工图。

柱表注写内容规定如下：

（1）注写柱编号。柱编号由类型代号和序号组成，应符合表 2-2-1 的规定。

柱　编　号　　表 2-2-1

柱类型	代号	序号	柱类型	代号	序号
框架柱	KZ	XX	梁上柱	LZ	XX
框支柱	KZZ	XX	剪力墙上柱	QZ	XX
芯柱	XZ	XX			

注：编号时，当柱的总高、分段截面尺寸和配筋均对应相同，仅分段截面与轴线的关系不同时，仍可将其编为同一柱号。

（2）注写各段柱的起止标高，自柱根部往上以变截面位置或截面未变但配筋改变处为界分段注写。框架柱和框支柱的根部标高系指基础顶面标高。芯柱的根部标高系指根据结构实际需要而定的起始位置标高。梁上柱的根部标高系指梁顶面标高。剪力墙上柱的根部标高分两种：当柱纵筋锚固在墙顶部时，其根部标高为墙顶面标高；当柱与剪力墙重叠一层时，其根部标高为墙顶面往下一层的结构层楼面标高。

（3）对于矩形柱，注写柱截面尺寸 $b \times h$ 及与轴线关系的几何参数代号 b_1、b_2 和 h_1、h_2 的具体数值，须对应于各段柱分别注写。其中 $b = b_1 + b_2$，$h = h_1 + h_2$。当截面的某一边收缩变化至与轴线重合或偏到轴线的另一侧时，b_1、b_2、h_1、h_2 中的某项为零或为负值。

对于圆柱，表中 $b \times h$ 一栏改用在柱直径数字前加 d 表示，为表达简单，圆柱截面与轴线的关系也用 b_1、b_2 和 h_1、h_2 表示，并使 $d = b_1 + b_2 = h_1 + h_2$。

对于芯柱，根据结构需要，可以在某些框架柱的一定高度范围内，在其内部的中心位置设置（分别引注其柱编号）。芯柱截面尺寸按构造确定，并按标准构造详图施工，设计不注；当设计者采用与本构造详图不同的做法时，应另行注明。芯柱定位随框架柱走，不需要注写轴线的几何关系。

（4）注写柱纵筋。当柱纵筋直径相同，各边根数也相同时（包括矩形柱、圆柱和芯柱），将纵筋注写在“全部纵筋”一栏中。除此之外，柱筋分角筋、截面 b 边中部筋和 h 边中部筋三项分别注写（对于采用对称配筋的矩形截面柱，可仅注写一侧中部筋，对称边省略不注）。

（5）注写箍筋类型号及箍筋肢数，在箍筋类型栏内注写，并按规定绘制柱截面形状及其箍筋类型号。

（6）注写柱箍筋，包括钢筋级别、直径与间距。

当为抗震设计时，用斜线“/”区分柱端箍筋加密区与柱身非加密区长度范围内箍筋的不同间距。根据标准构造详图的规定，在规定的几种长度值中取其最大者作为加密区长度。

例 ϕ10@100/200，表示采用螺旋箍筋，I 级钢筋，直径为 10mm，加密区间距为 100mm，非加密区间距为 250mm。

当箍筋沿柱全高为一种间距时，则不使用“/”线。

例 ϕ10@100，表示箍筋为 I 级钢筋，直径为 10mm，间距为 100mm，沿柱全高加密。

当圆柱采用螺旋箍筋时，需在箍筋前加“L”。

例 Lϕ10@100/200，表示采用螺旋箍筋，I 级钢筋，直径为 10mm，加密区间距为 100mm，非加密区间距为 200mm。

2. 截面注写方式

截面注写方式，系在分标准层绘制的柱平面布置图的柱截面上，分别在同一编号的柱中选择一个截面，以直接注写截面尺寸和配筋具体数值的方式来表达平法施工图。

对除芯柱之外的所有柱截面按规定进行编号，从相同编号的柱中选择一个截面，按另一种比例原位放大绘制截面配筋图，并在各配筋图上继其编号后再注写截面尺寸 $b \times h$、角筋或全部纵筋（当纵筋采用一种直径且能够图示清楚时）、箍筋的具体数值，以及在柱截面配筋图上标注柱截面与轴线关系 b_1、b_2、h_1、h_2 的具体数值。

当纵筋采用两种直径时，须再注写截面各边中部筋的具体数值（对于采用对称配筋的矩形截面柱，可仅在一侧注写中部筋，对称边省略不注）。

当在某些框架柱的一定高度范围之内，在其内部的中心位置设置芯柱时，首先按规定进行编号，继其编号后注写芯柱的起止标高、全部纵筋及箍筋的具体数值，芯柱截面尺寸按构造详图有不同的做法时，应另行注明。芯柱定位随框架柱走，不需要注写其与轴线的几何关系。

在截面注写方式中，如柱的分段截面尺寸和配筋均相同，仅分段截面与轴线的关系不同时，可将其编为同一柱号。但此时应在未画配筋图的柱截面上注写该柱截面与轴线关系的具体尺寸。

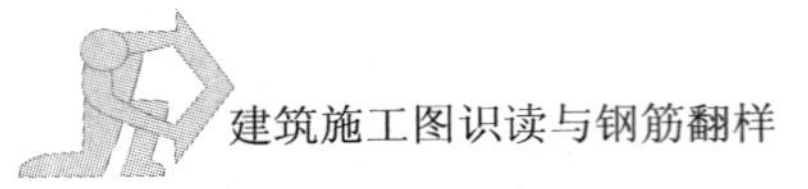

（二）柱平法施工图识读步骤

柱平法施工图可按如下步骤识读：

（1）查看图名、比例。

（2）校核轴线编号及其间距尺寸，要求必须与建筑图、基础平面图保持一致。

（3）与建筑图配合，明确各柱的编号、数量及位置。

（4）阅读结构设计总说明或有关说明，明确柱的混凝土强度等级。

（5）根据各柱的编号，查阅图中截面标注或柱表，明确柱的标高、截面尺寸和配筋情况。再根据抗震等级、设计要求和标准构造详图确定纵向钢筋和箍筋的构造要求，如纵向钢筋连接的方式、位置和搭接长度、弯折要求、柱头锚固要求，箍筋加密的范围。

（三）柱平法施工图实例

1. 实例一

附图中某学院办公楼结施03，它是以列表注写方式表达柱平法施工图，从此图中可以了解以下内容：

（1）此图为柱平法施工图，图号为某学院办公楼结施03号，绘制比例1:100，轴线编号及其间距尺寸与建筑图、基础平面布置图一致。

（2）该柱平法施工图中的柱为框架柱及梁上柱。

①KZ1和KZ1a为圆柱，$D=350$mm，KZ柱顶标高为6.450，KZa柱顶标高为3.900。

②KZ2、KZ2a、KZ2b为方柱400mm×400mm，其中KZ2柱顶标高为7.800，KZ2a柱顶标高为3.900，KZ2b柱顶标高为4.500。

③KZ3、KZ3a、KZ3b、KZ3c、KZ3d为方柱500mm×500mm，其中柱顶标高KZ3为18.600，KZ3a为6.450。KZ3b为19.100，KZ3c为22.200，KZ3d为6.450，KZ3d配筋采用括号内的数据，即角筋为4ϕ25，b边一侧中部筋为2ϕ20，h边一侧中部筋为2ϕ16。

④KZ4、KZ4a、KZ4b、KZ4c、KZ4d为方柱，在标高0.000~11.100m范围内截面尺寸为550mm×550mm，在标高11.100~18.600范围内截面尺寸变为500mm×500mm，其中柱顶标高KZ4a为14.700m，KZ4c为5.800，KZ4d为19.100。KZ4b在标高为14.700~18.600内配筋变为括号内数据，即角筋由4ϕ22变为4ϕ25，b边一侧中部筋由2ϕ16变为2ϕ22。

⑤KZ10、KZ10a、KZ10b、KZ10c为矩形柱，截面尺寸为400mm×850mm，其中柱顶标高KZ10b为14.7、KZ10c为18.600，配筋有变化的b边一侧中部筋在标高0.000~18.600范围内由1ϕ20变为2ϕ20。

⑥其中框架柱KZ5、KZ6、KZ7、KZ8、KZ9、KZ11柱顶标高配筋没有变化。

⑦所有柱的标高、截面尺寸及配筋详见结施03柱表，柱的定位尺寸见相应的轴线交叉处。此外，还有梁上柱LZ1、LZ2和LZ3。

本工程抗震等级为四级，由《混凝土结构施工图平面整体表示方法制图规则和构造详图》（03G101-2）的标准构造详图知：柱箍筋加密区范围，基础顶面上底层柱根加密高度为底层净高的1/3，其他各楼层为梁柱节点处高度及梁的上下取柱截面长边尺寸、柱所在层净高的1/6和500mm的最大值。设计要求（总说明）柱的钢筋接长采用焊接（电渣压力焊），焊接接头应放在非搭接区外，即柱箍筋加密区外，焊接接头应相应错开35d（d为纵向钢筋较大直径）且不小于500mm，同一截面的接头不宜多于总根数的50%。

2. 实例二

用截面注写方式表达的某学院行政楼施工图（局部），如图2-2-3所示，从图中可了解以下内容：

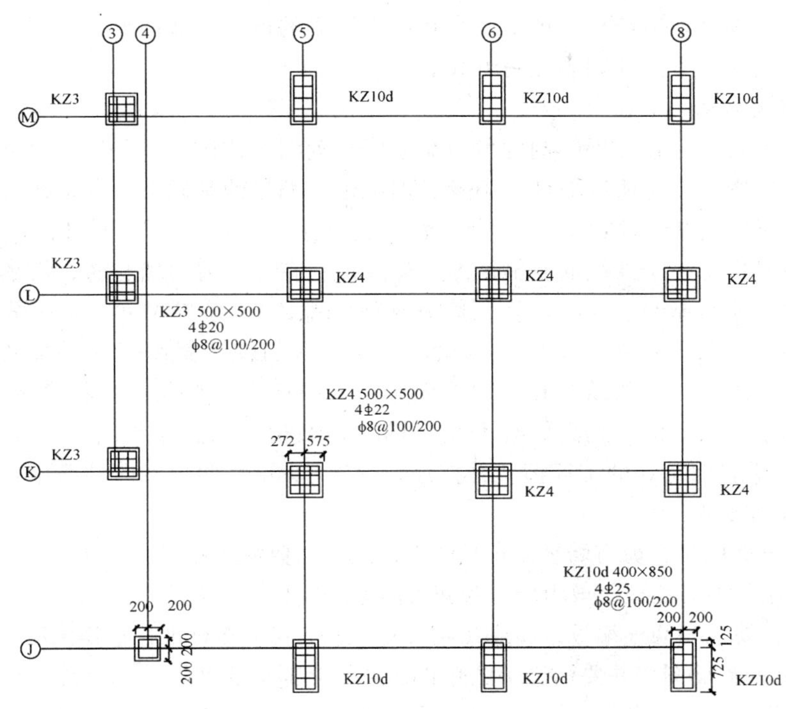

标高0.000～11.100柱平面施工图（局部），比例尺1∶100

图2-2-3 用截面注写方式表达的某学院行政楼施工图（局部）

（1）图2-2-3为柱平法施工图，绘制比例1∶100，轴线编号及其间距尺寸与建筑图、基础平面布置图一致。

（2）该柱平法施工图（局部），柱均为框架柱，有KZ2a、KZ3、KZ4、KZ10、KZ10d。

（3）该图是标高0.000～11.100平法施工图。

（4）其他方面同实例一。

四 剪力墙平法施工图

根据正投影原理形成剪力墙平面布置图。剪力墙根据配筋形式可将其看成由剪力墙柱、墙身、墙梁三类构件组成。剪力墙平法施工图，是在剪力墙平面布置图上采用截面注写方式或列表注写方式表达剪力墙柱、剪力墙身和剪力墙梁的标高、偏心定位尺寸（仅对轴线未居中的剪力墙）、截面尺寸和配筋情况等。

（一）剪力墙平法施工图的主要内容

剪力墙平法施工图的主要内容包括：

（1）图名和比例，剪力墙平法施工图的比例应与建筑平面图相同；

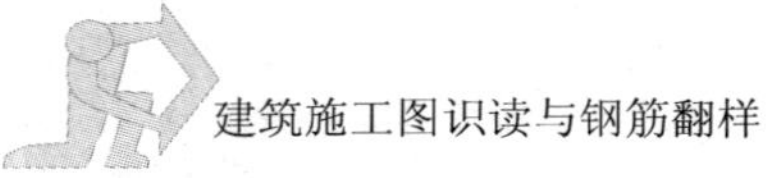

（2）定位轴线及其编号、间距尺寸；

（3）剪力墙柱、剪力墙身和剪力墙梁的编号、平面布置；

（4）每一种编号剪力墙柱、剪力墙身和剪力墙梁的标高、截面尺寸、配筋情况；

（5）必要的设计详图和说明。

注写第一种编号剪力墙柱、剪力墙身和剪力墙梁的标高、截面尺寸、配筋情况同样也有两种方式：截面注写方式和列表注写方式。

1. *截面注写方式*

截面注写方式：是在分层绘制的剪力墙平面布置图，选用另一种适当比例原位放大绘制剪力墙平面布置图，在对所有墙柱、墙身、墙梁进行编号的基础上，分别在每一种编号的墙桩、墙身、墙梁中选择一个墙柱、墙身、墙梁进行注写。在注写剪力时，需绘制截面配筋图，并标注截面尺寸、全部纵筋及箍筋的具体数值；在注写剪力墙身时，需依次引注墙身编号（应在编号后附以括号，括号内注写墙身钢筋的排数）、墙厚尺寸、水平分布筋、竖向分布筋和拉筋的具体数值；在注写剪力墙梁时，需依次引注墙梁编号、墙梁截面尺寸 $b\times h$、墙梁钢筋、上部纵筋、下部纵筋和墙梁顶面标高（与所在结构层楼面标高的）高差（高于者为正值，低于者为负值，无高差时不注）的具体数值。当连梁设有斜面钢筋时，还要以 JG 打头加注一道斜向钢筋的配筋值，并标注“×2”表示有两根斜向钢筋相互交叉。

2. *列表注写方式*

列表注写方式则是在剪力墙平面布置图上，通过列剪力墙柱表、建立墙身表和剪力墙梁表等注写每一种编号剪力墙柱、剪力墙身和剪力墙梁的标高、截面尺寸与配筋具体数值。在对应剪力墙柱表中，要注写墙柱编号，加注几何尺寸（几何尺寸按标准构造详图取值，设计可不注写），绘制其截面配筋图，并要标注墙柱起止标高，全部纵筋和箍筋的具体数值；在剪力墙身表中应注写墙身编号、墙身起止标高、水平分布筋、竖向分布筋和拉筋的具体数值等；在剪力墙梁表中，应注写墙梁编号、墙梁所在楼层号、墙梁顶面标高高差、墙梁截面尺寸 $b\times h$、上下部纵筋和箍筋的具体数值。当连梁设有斜向交叉暗撑（代号为 LL < JC > ＊＊且连梁截面宽度不小于 400mm），或斜向交叉钢筋（代号为 LL < JG > ＊＊且连梁截面宽度小于 400mm 但不小于 200mm），应注写其配筋数值。

（二）剪力墙平法施工图识读步骤

剪力墙平法施工图可按如下步骤识读：

（1）查看图名、比例。

（2）首先校核轴线编号及其间距尺寸，要求必须与建筑图、基础平面图保持一致。

（3）与建筑图配合，明确各段剪力墙的暗柱和端柱的编号、数量及位置，墙身的编号和长度，洞口的定位尺寸。

（4）阅读结构设计总说明或有关说明，明确剪力墙的混凝土强度等级。

（5）所有洞口的上方必须设置连梁，且连梁的编号应与剪力墙洞口编号对应。根据连梁的编号，查阅剪力墙梁表或图中标注，明确连梁的截面尺寸、标高和配筋情况。再根据抗震等级、设计要求和标注构造详图确定纵向钢筋和箍筋的构造要求，如纵向钢筋深入墙面的锚固长度、箍筋的位置要求等。

（6）根据各段剪力墙端柱、暗柱和小墙肢的编号，查阅剪力墙柱表或图中截面标注等，明确端柱、暗柱和小墙肢的截面尺寸、标高和配筋情况。再根据抗震等级、设计要求和标准构造详图确定纵向钢筋的箍筋构造要求，如箍筋加密区的范围，纵向钢筋的连接方式、位置和搭接长度、弯折要求、柱头锚固要求。

（7）根据各段剪力墙身的编号，查阅剪力墙身表或图中标注，明确剪力墙身的厚度、标高和配筋情况。再根据抗震等级、设计要求和标准构造详图确定水平分布筋、竖向分布筋和拉筋的构造要求，如水平钢筋的锚固和搭接长度、弯折要求，竖向钢筋的连接的方式、位置和搭接长度、弯折的锚固要求。

需要特别说明的是，不同楼层的剪力墙混凝土等级由下向上会有变化，同一楼层，墙和梁板的混凝土强度等级可能也有所不同，应格外注意。

五 梁平法施工图

假想沿着每层楼板面将建筑物水平剖开，向下投影而成的即为梁平面布置图，图中包括全部梁及与其相关联的柱、墙、板。梁平法施工图，是在梁的平法施工图上采用平面注写方式或截面注写方式表达梁的偏心尺寸（仅对轴线未居中的梁）、截面尺寸、配筋和梁顶面标高高差（仅用于有高差时）的具体数值。

（一）梁平法施工图的主要内容

（1）图名和比例，梁平法施工图的比例应与建筑平面图相同。

（2）定位轴线及其编号、间距尺寸。

（3）梁的编号、平面布置。

（4）每一种编号梁的截面尺寸、配筋情况和标高。

（5）必要的设计详图和说明。

（二）梁平法施工图制图规则

1. 梁平法施工图的表示方法

（1）梁平法施工图可采用平面注写方式或截面注写方式表达。

（2）梁平面布置图，应分别按梁的不同结构层（标准层），将全部梁及与其相关联的柱、墙、板一起采用适当比例绘制。

（3）在梁平法施工图中，尚应按规定注明各结构层的顶面标高及相应的结构层号。

（4）对于轴线未居中的梁，应标注其偏心定位尺寸（贴柱边的梁可不注）。

2. 平面注写方式

平面注写方式，系在梁平面布置图上，分别在不同编号的梁中各选一根梁，在其上注写截面尺寸和配筋的具体数值来表达梁平法施工图。

平面注写包括集中标注与原位标注，集中标注表达梁的通用数值，原位标注表达梁的特殊数值。当集中标注中的某项数值不适用于梁的某部位时，则将该项数值原位标注，施工时，原位标注取值优先。

图 2-2-4 为平面注写方式示例。

梁编号由梁类型代号、序号、跨数及有无悬挑代号几项组成，应符合表 2-2-2 的规定。

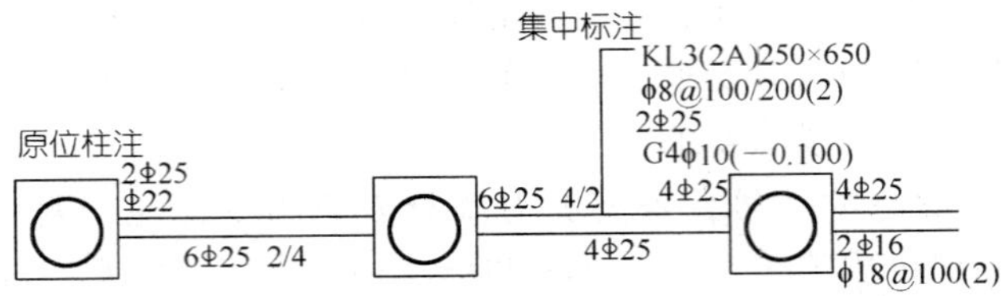

图 2-2-4　平面注写方式示例

梁　编　号　　表 2-2-2

梁　类　型	代　号	序　号	跨数及是否带悬挑
楼层框架梁	KL	XX	（XX）、（XXA）或（XXB）
屋面框架梁	WKL	XX	（XX）、（XXA）或（XXB）
框支梁	KZL	XX	（XX）、（XXA）或（XXB）
非框架梁	L	XX	（XX）、（XXA）或（XXB）
悬挑梁	XL	XX	
井字梁	JZL	XX	（XX）、（XXA）或（XXB）

注：（XXA）为一端有悬挑，（XXB）为两端有悬挑，悬挑不计入跨数。例 KL3（5A）表示第 3 号框架梁，5 跨，一端有悬挑；KL4（3B）表示第 4 号框架梁，3 跨，两端有悬挑。

梁集中标注的内容，有五项必注值及一项选注值（集中标注可以从梁的任意一跨引出），规定如下：

（1）梁编号，该项为必注值。

（2）梁截面尺寸，该项为必注值。当为等截面梁时，用 $b \times h$ 表示；当为加腋梁时，用 $b \times h$、$YC_1 \times C_2$ 表示，其中 C_1 为腋长，C_2 为腋高；当有悬挑梁且根部和端部的高度不同时，用斜线“/”分隔根部与端部的高度值，即为 $b \times h_1/h_2$。

（3）梁箍筋，包括钢筋级别、直径、加密区与非加密区间距及肢数，该项为必注值。箍筋加密区与非加密区的不同间距及肢数需用斜线“/”分隔；当梁箍筋为同一种间距及肢数时，则不需要用斜线；当加密区与非加密区的箍筋肢数相同时，则注写一次肢数，箍筋肢数应写在括号内。加密区范围见相应抗震级别的标准构造详图（如 03G101-1）。

例 ϕ10@100/200（4），表示箍筋为 I 级钢筋，直径为 10mm，加密区间距为 100mm，非加密区间距为 200mm，均为四肢箍。

ϕ8@100（4）/150（2），表示箍筋为 I 级钢筋，直径为 8mm，加密区间距为 100mm，四肢箍；非加密区间距为 150mm，两肢箍。

当抗震结构中的非框架梁、悬挑梁、井字梁及非抗震结构中的各类梁采用不同的箍筋间距及肢数时，也用斜线“/”将其分隔开来。注写时，先注写梁支座端部的箍筋（包括箍筋的箍数、钢筋级别、直径、间距与肢数），在斜线后注写梁跨中部分的箍筋间距及肢数。

例 13ϕ10@150/200（4），表示箍筋为 I 级钢筋，直径为 10mm；梁的两端各有 13 个四肢箍，间距为 150mm；梁跨中部分，间距为 200mm，四肢箍。

18ϕ12@150（4）/200（2），表示箍筋为 I 级钢筋，直径为 12mm；梁的两端各有 18 个四肢箍，间距为 150mm；梁跨中部分，间距为 200mm，双肢箍。

（4）梁上部通长筋或架立筋配置，该项为必注值。所注规格与根数应根据结构受力要求及箍筋肢数等构造要求而定。当同排纵筋中既有通长筋又有架立筋时，应用加号“+”将通长筋和架立筋相联。注写时须将角部纵筋写在加号的前面，架立筋写在加号后面的括号内，以示不同直径及与通长筋的区别。当全部采用架立筋时，则将其写入括号内。

例 2 ϕ22 用于双肢箍，2 ϕ22（4 ϕ12）用于六肢箍，其中 2 ϕ22 为通长筋，4 ϕ12 为架立筋。

当梁的上部纵筋和下部纵筋均为通长筋，且多数跨配筋相同时，此项可加注下部纵筋的配筋值，用分号“;”将上部与下部纵筋的配筋值分隔开来；少数跨不同者，按集中标注与原位标注的规定处理。

例 3 ϕ22；3 ϕ20 表示梁的上部配置 3 ϕ22 的通长筋，梁的下部配置 3 ϕ20 的通长筋。

（5）梁侧面纵向构造钢筋或受扭钢筋配置，该项为必注值。

当梁的腹板高度 $h_w \geq 450$mm 时，须配置纵向构造钢筋，所注规格与根数应符合规范规定。此项注写值以大写字母 G 打头，接续注写设置在梁两个侧面的总配筋值，且对称配置。

例 G4 ϕ12，表示梁的两个侧面的总配筋值，且对称配置。受扭纵向钢筋应满足梁侧面纵向构造钢筋的间距要求，且不再重复配置纵向构造钢筋。

例 N6 ϕ18，表示梁的两个侧面共配置 6 ϕ18 的受扭纵向钢筋，每偶各配置 3 ϕ18。

注意：

①当为梁侧面构造钢筋时，其搭接与锚固长度可取为 15d；

②当为梁侧面受扭纵向钢筋时，其搭接长度为 L_l 或 L_{lE}（抗震），其锚固长度为 L_a 或 L_{aE}。

（6）梁顶面标高高差，该项为选注值。

梁顶面标高高差值，对于位于结构夹层的梁，则指相对于结构夹层楼面标高的高差。有高差时，须将其写入括号内，无高差时不注。

梁原位标注的内容规定如下：

（1）梁支座上部纵筋

该部位含通长筋在内的所有纵筋：

①当上部纵筋多于一排时，用斜线“/”将各排纵筋自上而下分开。

②当同排纵筋有两种直径时，用加号“+”将两种直径的纵筋相联，注写时将角部纵筋写在前面。

③当梁中间支座两边的上部纵筋不同时，须在支座两边分别标注；当梁中间支座两边的上部纵筋相同时，可仅在支座的一边标注配筋值，另一边省去不注。

注意：

①对于支座两边不同配筋值的上部纵筋，宜尽可能选用相同直径（不同根数），使其贯穿支座，避免支座两边不同直径的上部纵筋均在支座内锚固。

②对于以边柱、角柱为端支座的屋面框架，当能够满足配筋截面面积要求时，其梁的上部钢筋应尽可能只配置一层，以避免梁柱纵筋在柱顶处因层数过多、密度过大导致不方便施工和影响混凝土浇筑质量。

（2）梁下部纵筋

①当下部纵筋多了一排时，用斜线“/”将各排纵筋自上而下分开。例梁下部纵筋注写为6 ф 252/4，则表示上一排纵筋为2 ф 25，下一排纵筋为4 ф 25，全部伸入支座。

②当同排纵筋有两种直径时，用加号“+”将两种直径的纵筋相联，注写时角筋写在前面。

③当梁的集中标注中已按规定分别注写了梁上部和下部均为通长的纵筋值时，则不需在梁下重复做原位标注。

（3）附加箍筋或吊筋

将其直接画在平面图中的主梁上（附加箍筋的肢数注在括号内），当多数附加箍筋相同时，可在梁平法施工图上统一注明，少数与统一注明值不同时，再原位引注。附加箍筋或吊筋的几何尺寸应按照标准构造详图，结合其所在位置的主梁和梁的截面尺寸而定。

当在梁上集中标注的内容（即梁截面尺寸、箍筋、上部通长筋或架立筋，梁侧面纵向构造钢筋或受扭纵向钢筋，以及梁顶面标高高差中的某一项或几项数值）不适用于某跨或某悬挑部分时，则将其不同数值原位标注在该跨或该悬挑部位，施工时应按原位标注数值取用。

3. 截面注写方式

截面注写方式，系在分标准层绘制的梁平面布置图上，分别在不同编号的梁中各选择一根梁用剖面筋号引出配筋图，并在其上注写截面尺寸和配筋具体数值来表达梁平法施工图。

对所有梁按规定进行编号，从相同编号的梁中选择一根梁，先将“单边截面号”画在该梁上，再将截面配筋详图画在本图或其他图上。当某梁的顶面标高与结构层的楼面标高不同时，尚应继其梁编号后注写梁顶面标高差（注写规定与平面注写方式相同）。

在截面配筋详图上注写截面尺寸 $b \times h$、上部筋、下部筋、侧面构造筋或受扭筋以及箍筋的具体数值时，其表达形式与平面注写方式相同。

截面注写方式既可以单独使用，也可与平面注写方式结合使用。

（三）梁平法施工图识读步骤

梁平法施工图可按如下步骤识读：

（1）查看图名、比例。

（2）首先校核轴线编号及其间距尺寸，要求必须与建筑图、剪力墙施工图、柱施工图保持一致。

（3）与建筑图配合，明确梁的编号、数量和布置。

（4）阅读结构设计总说明或有关说明，明确梁的混凝土等级及其他要求。

（5）根据梁的编号，查阅图中标注或截面标注，明确梁的截面尺寸、配筋和标高。再根据抗震等级、设计要求和标准构造详图确定纵向钢筋、箍筋的构造要求，如纵向钢筋的锚固长度、切断位置、弯折要求、连接方式及搭接长度等，箍筋加密区的范围，附加箍筋、吊筋的构造。

需要强调的是，应格外注意主、次梁交汇处钢筋的高低位置要求。

（四）梁平法施工图实例

附图中，某学院办公楼结施10为四层结构梁配筋图。从中可以了解到以下内容：

（1）结施10为梁平法施工图，代号“KL”表示框架梁，代号“L”为非框架梁（次梁等）。

（2）绘图比例为1∶100。

（3）轴线编号及其间距尺寸与建筑图、基础平面图一致。

（4）由设计说明知，梁的混凝土强度等级为C25。

（5）图中框架梁有27种编号。

①以位于③轴处的KL4-11（2A）为例说明如下。

a. 集中标注：KL4-11　250×500　ϕ8@100/200　2ф18

“4-11”为框架梁的编号，为四层第11号框架梁；“2A”为2跨，一端有悬挑。

“250×500”表示截面尺寸为宽250mm、高500mm。

“ϕ8@100/200”表示箍筋采用I级钢筋，双肢箍直径为8mm，加密区间距为100mm，非加密区间距为200mm。

“2ф18”表示梁上部通长筋（角筋）为2根II级钢筋，直径为18mm。

b. 原位标注：梁底部筋Ⓙ~Ⓚ、Ⓛ~Ⓜ跨3ф20表示3根II级钢筋，直径为20mm；Ⓚ~Ⓛ跨3ф16表示3根II级钢筋，直径为16mm。另外，此处标有“ϕ8@100”表示箍筋采用I级钢筋，直径为8mm，间距为100mm。

框架梁支座的上部纵筋均为2ф20+2ф18，其中2ф20为梁上部的通长筋，2ф18为另加的负筋。

悬挑端：梁上部筋为2ф20+2ф18，梁下部架立筋为2ф12。

②以Ⓛ轴处的KL4-25（7）为例说明如下。

a. 集中标注：KL4-25（7）　250×600　ϕ8@100/200　2ф20

“4-25”表示四层处第25号框架梁；“（7）”表示梁有7跨；“ϕ8@100/200”表示箍筋为I级钢筋，直径为8mm，箍筋间距加密区为100mm，非加密区为200mm，双肢箍；“2ф20”表示梁上部通长筋为2根II级钢筋，直径为20mm。

b. 原位标注：③、⑤、⑥、⑧、⑩、⑫轴梁支座上部负筋为2ф20+4ф25 4/2，其中包含2根通长筋，另加2ф20及2ф25的负筋分两排，上一排4根，下一排为2根；⑫~⑬轴梁支座上部负筋为6ф20 4/2，分两排，上一排为4ф20，其中梁上部角筋为2ф20，与通长筋连接，下一排为2ф20筋。

根据设计说明，本工程抗震等级为四级，由《混凝土结构施工图平面整体表示方法制图规则和构造详图》（03G101-2）的标准构造详图知，梁箍筋加密区范围取梁支座处距柱边1.5倍梁高及500mm中的最大值。梁上下部筋伸入支座锚固情况、梁上部负筋截断情况将在第三篇介绍。

六 钢筋混凝土楼梯结构图

钢筋混凝土楼梯一般采用现浇整体式钢筋混凝土楼梯，现浇楼梯按梯段的传力特点，分板式楼梯和梁式楼梯两种。实际中，又以板式楼梯居多，板式楼梯的类型有11种（详见图集 03G101-2）。

（1）A4 型（一跑梯板）。

（2）B4 型（有低端平板的一跑梯板）。

（3）C4 型（有高端平板的一跑梯板）。

（4）D4 型（有低端和高端平板的一跑梯板）。

（5）E4 型（有中位平板的一跑梯板）。

（6）F4 型（有层间和楼层平板的双跑楼梯）。

（7）G4 型（有层间和楼层平板的双跑楼梯）。

（8）H4 型（有层间和楼层平板的双跑楼梯）。

（9）J4 型（有层间和楼层平板的双跑楼梯）。

（10）K4 型（有层间平板的双跑楼梯）。

（11）L4 型（有层间平板的双跑楼梯）。

现以附图中某学院办公楼板式楼梯为例，说明现浇楼梯结构图的图式特点与识图方法。

绘制楼梯结构平面图时，常用比例一般为 1:50，也可用 1:40 或 1:30。每层有不同的结构都应绘出其平面图，多层房屋一般应画出底层结构平面图、中间层结构平面图和顶层结构平面图。与楼层结构布置平面图一样，楼梯结构平面图主要表示楼梯板、楼梯梁的布置与其他构件的位置关系、代号、尺寸、结构、标高等。楼梯结构平面图的轴线编号应与建筑施工图一致。剖切符号一般也只画在底层平面图上。由于楼梯结构平面是设想沿上一层楼层平台梁顶剖切后所作的水平投影，剖切到的墙体轮廓线用中实线表示；楼梯的梁、板的轮廓线可见的用细实线表示，不可见的则用细虚线表示；不表示墙上的门窗洞等。必要时可作局部重合断面图表示楼梯的梁、板位置关系上下、标高等情况。

在附图中某学院办公楼楼梯有 1 号和 2 号两种楼梯，1 号楼梯中间为低端或高端平板（类似 B4 型或 G4 型）双跑板式楼梯，标高 ±0.000 ~ 2.100 及 16.500 ~ 18.600 类似 A4 型梯板，2 号楼梯类似 1 号楼梯。现以 1 号楼梯为例来说明，可了解到：

（1）楼梯间位于定位轴线⑧ ~ ⑨/Ⓐ ~ Ⓑ之间，开间为 3 600mm，进深为 6 000mm，梯板宽为 1 500mm，梯段板之间的距离为 350mm。

（2）从梯板表中可阅读到梯板的类型、起止标高（如 ±0.000 ~ 2.100）、跨度、高度、厚度，踏步级数及尺寸，弯折情况，支座宽，以及梯板的配筋情况（如①号 ϕ12@150、②号 ϕ10@150、③号 ϕ10@150、分布筋 ϕ8@200）。

（3）楼梯平台板（标高为 2.100、5.700、9.300、12.900）支承于 4L1-1、4L1-2、4L1-3 梯梁上，其配筋也可在梯梁配筋表中查得，如：4L1-1 截面 250mm × 400mm，箍筋 ϕ8@100/200（2）。上部筋 2 ⌀ 18，下部筋 3 ⌀ 18，中间抗扭筋 N2 ⌀ 16。

4L1-1、4L1-2、4L1-3 又支承于 4Z 上，4Z 截面为 250mm × 250mm，纵筋⌀ 16，箍筋 ϕ8@100（2 × 2），4Z 为⑧、⑨轴相应标高的梁上柱。

七 现浇板施工图

假想沿着每层楼板面将建筑物水平剖开，向下投影而成的水平剖面图，图中包括所有与其相关的柱、墙、梁。

（一）现浇板施工图的主要内容

（1）图名和比例，应与建筑平面图相同。

（2）定位轴线及其编号、间距尺寸。

（3）现浇板的厚度和标高。

（4）现浇板的配筋情况。

（5）必要的设计详图和说明。

（二）现浇板施工图识读步骤

现浇板施工图可按如下步骤识读：

（1）首先校核轴线编号及其间距尺寸，要求必须与建筑图、梁平法施工图保持一致。

（2）阅读结构设计总说明或有关说明，明确现浇板的混凝土强度等级及其他要求。

（3）明确现浇板的厚度和标高。

（4）明确现浇板的配筋情况，并参阅说明，了解未标注的分布筋情况。

需要特别强调的是，应注意现浇板的弯钩方向，以便确定钢筋是在板的底部还是顶部。

（三）现浇板施工图实例

现以附图中某学院办公楼结施09为例说明现浇板施工图的图示特点与识图方法。

（1）图名为四层结构平面图，绘制的比例为1:100，轴线编号及其间距尺寸与建筑图、基础平面图一致。

（2）由结构设计说明知，板的混凝土强度等级为C25。

（3）现浇板板厚为100mm。

（4）四层结构平面标高为11.100，其中③~⑤轴及Ⓜ~Ⓛ轴围成厕所间标高为11.100，⑥、⑫轴及Ⓒ、Ⓓ轴和⑫轴及Ⓐ~Ⓑ轴围成的区域处标高为10.800。

（5）以⑤~⑥轴和Ⓐ~Ⓑ轴区域板为例说明配筋情况。

板下部受力筋：板短方向为ϕ8@125，板长方向（分布筋）为ϕ8@150，两端都有180°弯钩，都伸入到对应的梁轴线处。

板上部构造筋（负筋）：Ⓑ轴线梁处为ϕ8@125，伸出至梁边长为900mm；⑤轴线梁处为ϕ10@100，伸出至梁边长为900mm；Ⓐ轴线梁处、⑥轴线梁处及中间非框架处为ϕ10@150，伸出至梁边长为900mm，两端都有90°直钩，分布筋为ϕ8@150。

（6）①、②、③、④、⑤、⑥节点做法及配筋情况。

第三篇

钢筋混凝土结构中钢筋的加工尺寸、下料长度计算

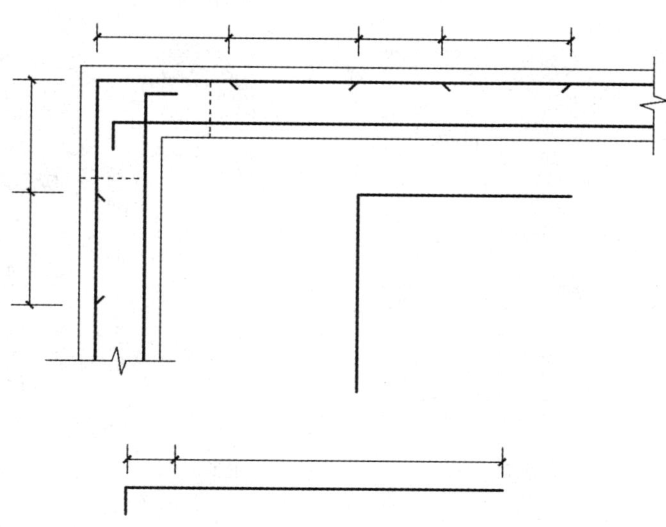

框架结构部分

第一章 概述

本篇介绍用平面整体表示方法制图的框架结构中的钢筋下料长度计算方法，在介绍框架结构钢筋下料长度计算方法之前，先应掌握如下相关知识。

一 框架结构的抗震情况

弄清框架结构是非抗震框架结构，还是抗震框架结构。抗震框架结构的抗震等级分为四级（一、二、三、四级），计算钢筋时要查清抗震级别，否则会影响钢筋尺寸结果。

二 锚固长度的取值

（1）非抗震受拉钢筋的最小锚固长度 L_a，可根据公式 $L_a=\alpha f_y/(f_t d)$ 求得，也可由表3-1-1 查得。

受拉钢筋（普通钢筋）的最小锚固长度 L_a 表 3-1-1

钢筋种类	混凝土强度等级									
	C20		C25		C30		C35		C40	
	$d\leqslant25$mm	$d>25$mm	$d\leqslant25$mm	$d>25$mm	$d\leqslant25$mm	$d>25$mm	$d\leqslant25$mm	$d>25$mm	$d\leqslant25$mm	$d>25$mm
HPB235	31	31	27	27	24	24	22	22	20	20
HRB335	39	42	34	37	30	33	27	30	25	27
HRB400、RRB400	46	51	40	44	36	39	33	36	30	33

（2）纵向受拉钢筋抗震锚固长度 L_{aE}。

L_{aE}与 L_a 的关系为：一、二级抗震时，$L_{aE}=1.15L_a$；三级抗震时，$L_{aE}=1.05L_a$；四级抗震时，$L_{aE}=L_a$。

L_{aE}可根据上述关系式求得，也可从表 3-1-2 查得。

（3）机械锚固措施的锚固长度为 $0.7L_{aE}$或 $0.7L_a$。

（4）钢筋混凝土施工中易受扰动时，其锚固长度应乘以修正系数 1.1。

（5）任何情况下的锚固长度都不得小于 250mm。

纵向受拉钢筋（普通钢筋）抗震锚固长度 L_{aE} 表 3-1-2

混凝土强度等级与抗震等级 / 钢筋种类与直径		C20		C25		30		35		40	
		一、二	三	一、二	三	一、二	三	一、二	三	一、二	三
HPB235		36	33	31	28	27	25	25	23	23	21
HRB335	$d\leqslant 25$	44	41	38	35	34	31	31	29	29	26
	$d>25$	49	45	42	39	38	34	34	31	32	29
HRB400 RRB400	$d\leqslant 25$	53	49	46	42	41	37	37	34	34	31
	$d>25$	58	53	51	46	45	41	41	38	38	34

三 纵向受拉钢筋的接长

（1）若钢筋采用电弧焊搭接接长，其搭接长度：I 级钢筋，单面焊为 $8d$，双面焊为 $4d$；II 级钢筋，单面焊为 $10d$，双面焊为 $5d$。

（2）纵向受拉钢筋绑扎搭接长度 L_{lE} 与 L_{aE} 及 L_l 与 L_a 的关系详见表 3-1-3。

纵向受拉钢筋绑扎搭接长度 L_{lE} 与 L_{aE} 及 L_l 与 L_a 的关系 表 3-1-3

纵向受拉钢筋绑扎搭接长度 L_{lE}、L_l		纵向受拉钢筋绑扎搭接长度修正系数 ζ			
抗震	非抗震	纵向钢筋搭接接头面积百分率（%）	≤25	50	100
$L_{lE}=\zeta L_{aE}$	$L_l=\zeta L_a$	ζ	1.2	1.4	1.6

注：1. 当不同直径的钢筋搭接时，其 L_{lE} 与 L_l 值按较小的直径计算。
2. 任何情况下的 L_l 都不得小于 300mm。

四 弯曲钢筋量度差值表

1. 标注钢筋外皮尺寸的量度差值表

见表 3-1-4、表 3-1-5，其差值均为负值。

钢筋外皮尺寸的差值表一 表 3-1-4

弯曲角度	箍筋	HPB235 主筋	平法框架主筋		
	$R=2.5d$	$R=1.25d$	$R=4d$	$R=6d$	$R=8d$
30°	$0.305d$	$0.29d$	$0.323d$	$0.348d$	$0.373d$
45°	$0.543d$	$0.49d$	$0.608d$	$0.694d$	$0.780d$
60°	$0.9d$	$0.765d$	$1.061d$	$1.276d$	$1.491d$
90°	$2.288d$	$1.751d$	$2.931d$	$3.790d$	$4.648d$
135°	$2.831d$	$2.240d$	$3.539d$	$4.084d$	$5.428d$
180°	$4.576d$	$3.502d$			

注：1. 135°和 180°的差值必须具备准确的外皮尺寸值。
2. 平法框架主筋 $d\leqslant 25$mm 时，$R=4d$（$6d$）；$d>25$mm 时，$R=6d$（$8d$）。括号内为顶层边节点要求。

钢筋外皮尺寸的差值表二 表 3-1-5

弯曲角度	HRB335 主筋	HRB400 主筋	轻集料 HPB235 主筋
	$R=2d$	$R=2.5d$	$R=1.75d$
30°	$0.299d$	$0.305d$	$0.296d$
45°	$0.522d$	$0.543d$	$0.511d$
60°	$0.846d$	$0.900d$	$0.819d$
90°	$2.073d$	$2.288d$	$1.966d$
135°	$2.595d$	$2.831d$	$2.477d$
180°	$4.146d$	$4.576d$	$3.932d$

注：135°和180°的差值必须具备准确的外皮尺寸值。

2. 标注钢筋内皮尺寸的量度差值表

见表 3-1-6，通常在箍筋计算中应用。

钢筋内皮尺寸的量度差值表 表 3-1-6

弯曲角度	箍筋量度差值（$R=2.5d$）	弯曲角度	箍筋量度差值（$R=2.5d$）
30°	$-0.231d$	90°	$-0.288d$
45°	$-0.285d$	135°	$+0.003d$
60°	$-0.255d$	180°	$+0.576d$

五 钢筋下料步骤

钢筋下料步骤如下：

（1）识读施工图；

（2）画出钢筋在构件中的弯折形状；

（3）求出钢筋加工尺寸；

（4）求出钢筋下料长度；

（5）填写钢筋下料表。

第二章 框架梁中钢筋的加工尺寸、下料长度计算

第一节 中间层梁中钢筋概述

在平法制图中除悬挑和加腋梁外，一般框架梁内没有弯起45°和60°的纵向受力钢筋，图3-2-1是楼层框架连续梁的一般图例（省掉箍筋）。

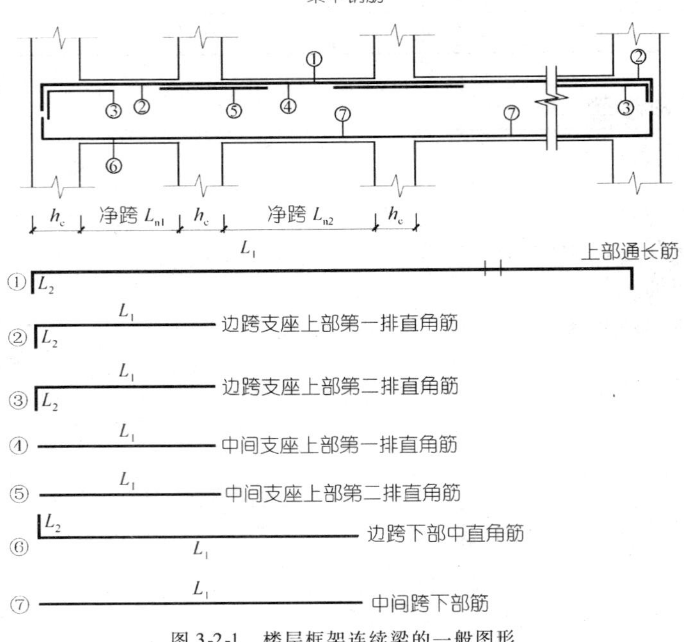

图3-2-1 楼层框架连续梁的一般图形

注：钢筋翻样步骤——①识读施工图；②画出相应钢筋弯折形状；③求出其对应边的加工尺寸；④求其下料长度；⑤填写配料单

在屋面框架梁的边柱处，当柱纵筋 $d \geqslant 25$mm 时，在柱宽范围的柱箍筋内侧设置间距不大于150mm且不少于3φ10的角部附加钢筋。

当梁的上部没有放置通长筋时，由于构造上的需要可以在梁的上部放置搭接架立筋，边跨放置边跨搭接架立筋，跨中放置跨中搭接架立筋。有时在梁下也放置“下部通长筋”，如图3-2-2所示。

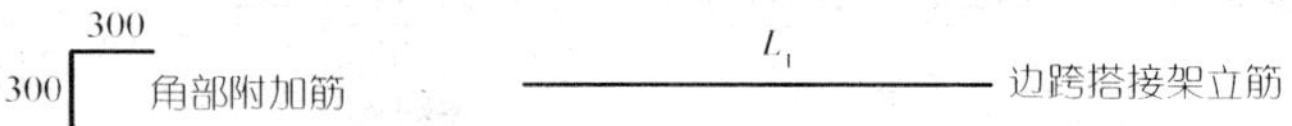

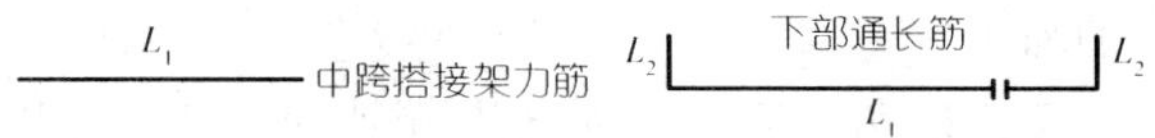

图 3-2-2　梁的上部没有放置通长筋时的构造配筋

第二节　梁上部通长筋的加工尺寸、下料长度计算

一　梁上部通长筋的加工尺寸、下料尺寸计算推导（图 3-2-3）

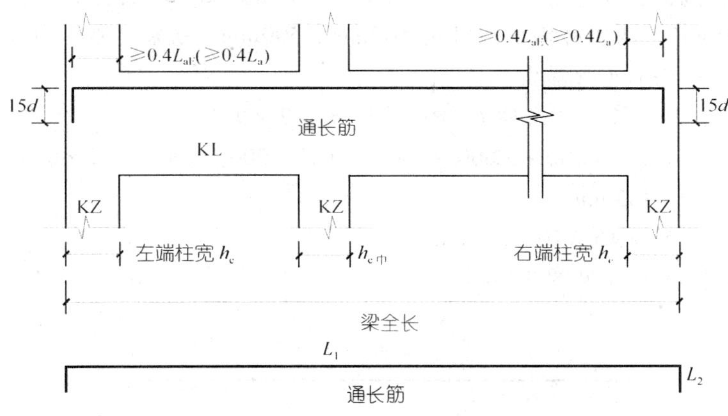

图 3-2-3　梁上部通长筋

1. 加工尺寸

抗震　L_1 = 梁全长 − 左端柱 h_c − 右端柱 h_c + $2 \times 0.4L_{aE}$

非抗震　L_1 = 梁全长 − 左端柱 h_c − 右端柱 h_c + $2 \times 0.4L_a$

$L_2 = 15d$

2. 下料长度

$L = L_1 + L_2 - 2 \times 90°$的量度差值

有时边柱尺寸较大时，通长钢筋在边柱处不弯锚，而是直锚，即 $L_2 = 0$，其加工尺寸、下料长度计算公式为：

抗震　L_1 = 梁全长 − 左端柱 h_c − 右端柱 h_c + 左端柱 max $\{L_{aE}, 0.5h_c + 5d\}$ + 右端柱 max $\{L_{aE}, 0.5h_c + 5d\}$

非抗震　L_1 = 梁全长 − 左端柱 h_c − 右端柱 h_c + $2L_a$

二 梁上部通长筋的加工尺寸、下料长度计算实例

1. 实例一

以附图中某学院办公楼结施 08 三层结构梁配筋图⑥轴与Ⓐ～Ⓓ轴间 KL3-7 为例，已知 C25 混凝土，抗震等级为四级，查得 $L_{aE}=34d$，查得量度差值为$2.931d$。

左端柱 h_c = 右端柱 $h_c=850$mm。

解 （1）加工尺寸（直锚）

$$L_1 = \text{梁全长} - \text{左端柱 } h_c - \text{右端柱 } h_c + \text{左端柱 max}\ \{L_{aE},\ 0.5h_c+5d\} + \text{右端柱 max}\ \{L_{aE},\ 0.5h_c+5d\}$$

$$=(6\,725\times2+2\,400-850-850)+2\times340\times20$$

$$=15\,510\text{mm}$$

$$L_2=0$$

（2）下料长度

$$L=L_1=15\,510\text{mm}$$

2. 实例二

以附图中某学院办公楼结施 08 三层结构梁配筋图的 KL3-20 为例，已知钢筋为 HRB335（II）级筋，$d=16$mm，两边柱截面尺寸为 500mm×500mm，抗震等级为四级。

解 （1）加工尺寸（弯锚）

$$L_1 = \text{梁全长} - \text{左端柱 } h_c - \text{右端柱 } h_c + 2\times0.4L_{aE}$$

$$=(125+4\,800+3\,600+5\,400+125-500-500)+2\times0.4\times34\times16$$

$$=13\,485\text{mm}$$

$$L_2=15d=15\times16=240\text{mm}$$

（2）下料长度（见图 3-2-4）

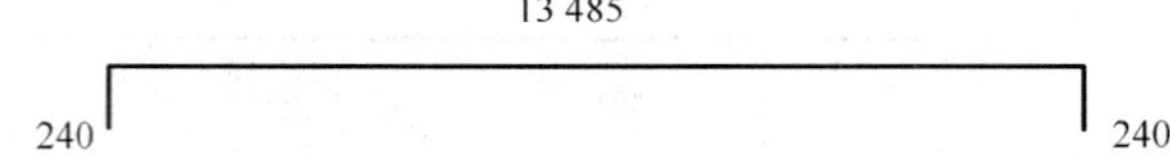

图 3-2-4 下料长度

$$L=L_1+2L_2-2\times90°\text{量度差值}$$

$$=13\,485+240\times2-2\times2.931\times16=13\,871\text{mm}$$

三 通长筋在施工中的截断接长处理

当梁为连续几跨时，通长筋往往很长，这在施工中搬运是很不方便的。为方便施工，可在图 3-2-5 中“L_{lE}”图示位置或在跨中 $L_{ni}/3$ 范围内采用一次搭接接长。如采用绑扎搭接接长，其搭接长度为 L_{lE}。如采用电弧焊搭接接长，其搭接长度为：对于 I 级钢筋，单面焊 $8d$，双面焊 $4d$；对于 II 级钢筋，单面焊 $10d$，双面焊 $5d$。这样通长钢筋会分成几段来下料。计算钢筋下料时应注意截断位置、搭接方式及搭接长度。

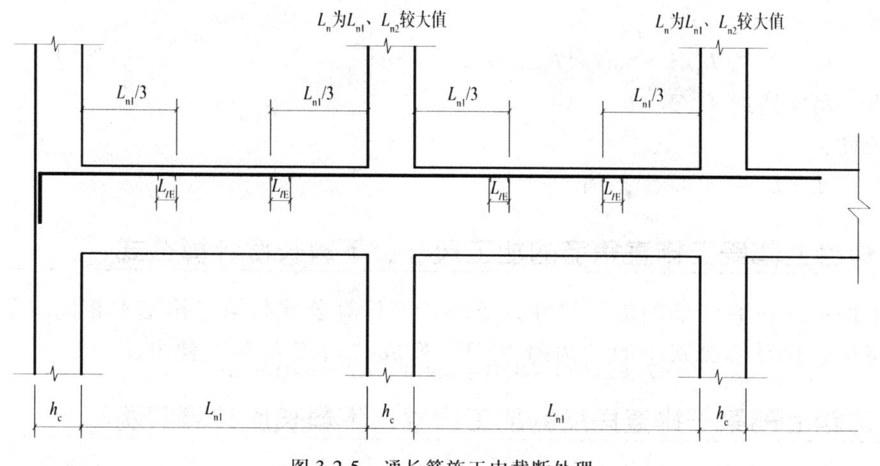

图 3-2-5　通长筋施工中截断处理

第三节　边跨上部直角筋的加工尺寸、下料长度计算

一　边跨上部第一排直角筋的加工尺寸、下料长度的计算公式

由图 3-2-1 及图 3-2-6 可知，这是梁及边柱交接处，在梁的上部放置的，承受弯矩的直角形钢筋。

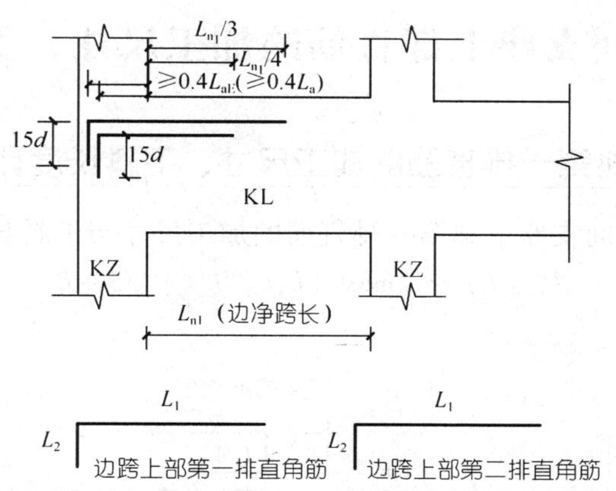

图 3-2-6　边跨上部直角筋加工、下料尺寸示意图

1. 加工尺寸

抗震　L_1 = 边跨 $L_n/3 + 0.4L_{aE}$

非抗震　L_1 = 边跨 $L_n/3 + 0.4L_a$

$L_2 = 15d$

2. 下料长度

$L = L_1 + L_2 - 90°$量度差值

当柱截面尺寸较大时，梁此处的负梁不需弯锚，可直锚，即 $L_2 = 0$，则加工尺寸、下料长度计算方法分别如下。

加工尺寸：

抗震　L_1 = 边跨 $L_n/3 + \max\{L_{aE}, 0.5h_c + 5d\}$

非抗震　L_1 = 边跨 $L_n/3 + L_a$

下料长度：

$$L = L_1 - 90°\text{量度差值}$$

二 边跨上部第二排直角筋的加工尺寸、下料长度计算公式

边跨上部第一排直角筋的加工尺寸、下料长度计算公式与第二排基本相同，第二排计算公式只是将第一排计算公式中的“边跨 $L_n/3$”换成“边跨 $L_n/4$”便可。

三 边跨上部第一排直角筋的加工尺寸、下料长度计算实例

在附图中，以某学院办公楼结施 08 三层结构梁配筋 KL3 - 20 右边跨为例，查得钢筋 Φ16，混凝土为 C25，边柱截面尺寸为 500mm×500mm，四级抗震。

解　(1) 加工尺寸

L_1 = 边跨 $L_n/3 + 0.4L_{aE} = (5\,400 - 250 - 375)/3 + 0.4 \times 34 \times 16 = 1\,089\text{mm}$

$L_2 = 15d = 15 \times 16 = 240\text{mm}$

(2) 下料长度

$L = L_1 + L_2 - 90°$量度差值 $= 1\,089 + 240 - 2.391 \times 16 = 2\,002\text{mm}$

第四节　中间支座上部直筋的加工尺寸、下料长度计算

一 中间支座上部第一排直筋的加工尺寸、下料长度计算公式

如图 3-2-7 所示，中间支座上部第一排直筋的加工尺寸与下料长度计算公式相同，即：

$$L_1\ (L) = 2\max\{L_{n左}, L_{n右}\}/3 + h_c$$

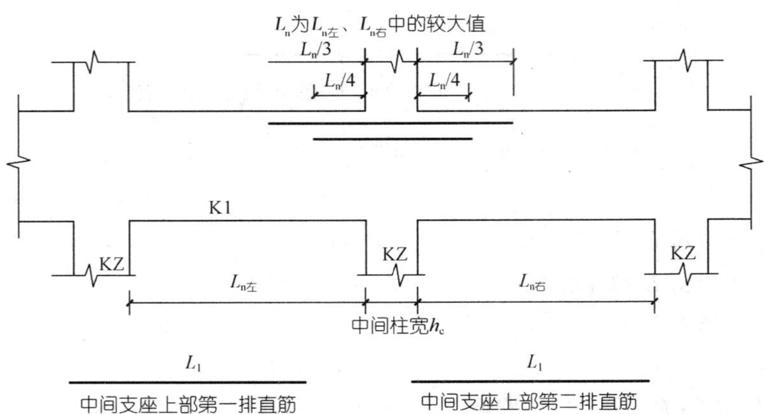

图 3-2-7　中间支座上部直筋

二 中间支座上部第二排直筋的加工尺寸、下料长度计算公式

如图 3-2-7 所示，中间支座上部第二排直筋的加工尺寸与下料长度计算公式相同，即：

$$L_1\ (L)\ =2\max\ \{L_{n左},\ L_{n右}\}\ /4+h_c$$

三 中间支座上部直筋的加工尺寸、下料长度计算实例

在附图中，以某学院办公楼结施 08 三层结构梁配筋图中⑥轴与Ⓑ轴处 KZ4a 为支座的 KL3－13 为例，查得第一排直筋为ⴔ25，第二排直筋为ⴔ20，柱截面尺寸为 550mm × 550mm，$L_{n左}=6\ 650$mm，$L_{n右}=6\ 500$mm。

解 第一排直筋的加工尺寸、下料长度：

$$L_1\ (L)\ =2\max\ \{L_{n左},\ L_{n右}\}\ /3+h_c$$
$$=2\times 6\ 650/3+550=4\ 983\text{mm}$$

第二排直筋的加工尺寸、下料长度：

$$L_1\ (L)\ =2\max\ \{L_{n左},\ L_{n右}\}\ /4+h_c$$
$$=2\times 6\ 650/4+550=3\ 875\text{mm}$$

第五节 边跨下部跨中直角筋的加工尺寸、下料长度计算

一 计算公式

如图 3-2-8 所示，边跨下部跨中钢筋左端弯锚在 KZ 中，右端直锚在 KZ 中。

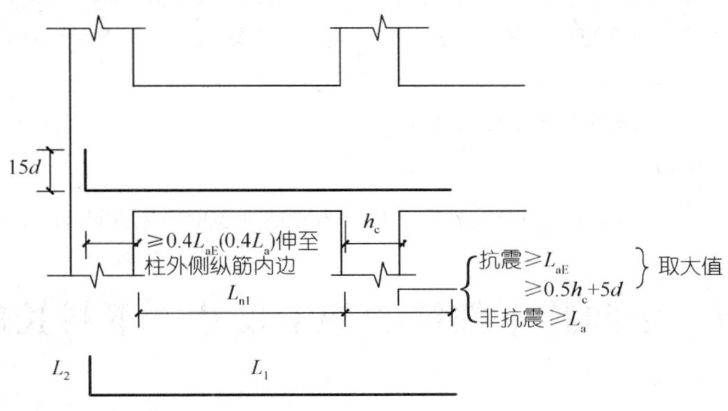

图 3-2-8 边跨下部跨中直角筋

1. 加工尺寸

抗震 $L_1=L_n+0.4L_{aE}$（伸至柱外侧纵筋内边）$+\max\ \{L_{aE},\ 0.5h_c+5d\}$

非抗震 $L_1=L_n+1.4L_a$

$L_2=15d$

当边柱截面尺寸较大能满足直锚，即 $L_2=0$ 时，其加工尺寸 L_1 的计算公式为：

抗震 $L_1=L_n+$左 $\max\ \{L_{aE},\ 0.5h_c+5d\}$ $+$右 $\max\ \{L_{aE},\ 0.5h_c+5d\}$

非抗震　$L_1 = L_n + 2L_a$

2. 下料长度

$$L = L_1 + L_2 - 90°\text{量度差值}$$

二 计算实例

1. 实例一

在附图中，以某学院办公楼结施 08 三层结构梁配筋图⑥轴的 KL3-7 为例，查得底筋为 3 ф 20，混凝土为 C25，抗震等级为四级，柱截面尺寸：Ⓐ轴处 850mm × 400mm，Ⓑ轴处 550mm × 550mm，$L_{nAB} = 5\,450\text{mm}$。

解　(1) 加工尺寸

可直锚 $L_1 = L_n + 2\max\{L_{aE}, 0.5h_c + 5d\}$

$= 5\,450 + \max\{34 \times 20, 0.5 \times 850 + 5 \times 20\} + \max\{34 \times 20, 0.5 \times 550 + 5 \times 20\}$

$= 6\,810\text{mm}$

(2) 下料长度

$$L = L_1 = 6\,810\text{mm}$$

2. 实例二

在附图中，以某学院办公楼结施 08 三层结构梁配筋图⑭轴Ⓐ、Ⓑ跨的 KL3-11 为例，查得底筋为 3 ф 20，混凝土为 C25，抗震等级为四级，柱保护层厚 30mm，柱角部筋 4 ф 20，柱截面尺寸：Ⓐ轴处 $h_c = 500\text{mm}$，Ⓑ轴处 $h_c = 550\text{mm}$，$L_{nAB} = 5\,325\text{mm}$。

解　(1) 加工尺寸

弯锚 $L_1 = L_n + 0.4L_{aE}$（伸至柱外侧纵筋内边）$+ \max\{L_{aE}, 0.5h_c + 5d\}$

$= 5\,325 + 500 - 30 - 20 + \max\{34 \times 20, 0.5 \times 550 + 5 \times 20\}$

$= 6\,455\text{mm}$

$L_2 = 15d = 15 \times 20 = 300\text{mm}$

(2) 下料长度

$$L = L_1 + L_2 - 90°\text{量度差值} = 6\,455 + 300 - 2.391 \times 20 = 6\,707\text{mm}$$

第六节　中间跨下部筋的加工尺寸、下料长度计算

一 计算公式

由图 3-2-9 可知，中间跨下部筋的加工尺寸、下料长度计算公式相同，即：

$$L_1\ (L) = \text{净跨}\ L_n + \text{左锚固值} + \text{右锚固值}$$

抗震　$L_1\ (L) = L_n + \text{左}\max\{L_{aE}, 0.5h_c + 5d\} + \text{右}\max\{L_{aE}, 0.5h_c + 5d\}$

非抗震　$L_1\ (L) = L_n + 2L_a$

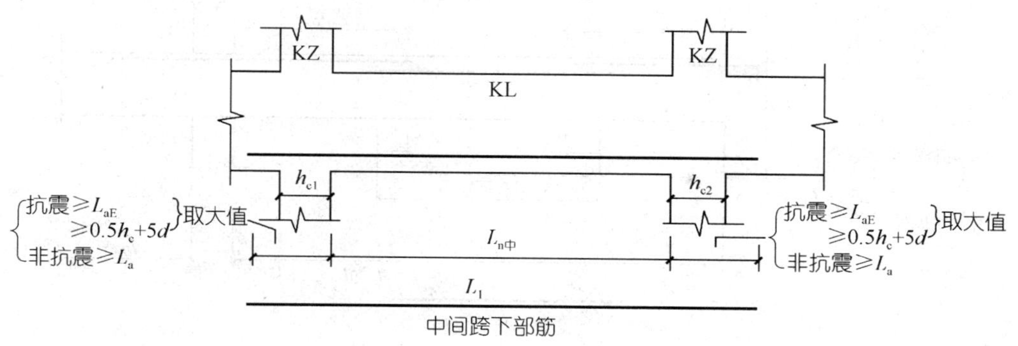

图 3-2-9 中间跨下部筋

注意：

当左右柱的宽度不一样时，抗震情况下，左右两边的锚固值是不相等的，应分开来算。

二 计算实例

在附图中，以某学院办公楼结施 08 三层结构梁配筋图⑥轴上的 BC 跨 KL3-7 为例，查得中间跨下部筋为 3 ф 16，C25 混凝土，抗震等级为四级，净跨 L_n = 2 150mm，KZ4 的截面尺寸为 550mm × 550mm。

解 加工尺寸、下料长度为：

$$
\begin{aligned}
L_1\ (\mathrm{L}) &= L_n + 2\max\{L_{aE},\ 0.5h_c + 5d\}\\
&= 2\ 150 + 2\max\{34 \times 16,\ 0.5 \times 550 + 5 \times 16\}\\
&= 2\ 150 + 2 \times 544 = 3\ 238\mathrm{mm}
\end{aligned}
$$

注意：

应该说明的是，第五节、第六节计算梁下部钢筋时，有可能中间 KZ 支座两边的梁的截面尺寸及梁底标高不一样，底筋在支座处可能出现直锚、弯锚、弯折锚 N 种组合情况。这样，在计算梁下部筋的加工尺寸、下料长度时，应视情况确定锚固值。

第七节 边跨和中跨搭接架立筋的下料长度计算

一 边跨搭接架立筋的下料长度

如图 3-2-10 所示为架立筋与边跨净长度，左、右净跨长度以及搭接长的关系。

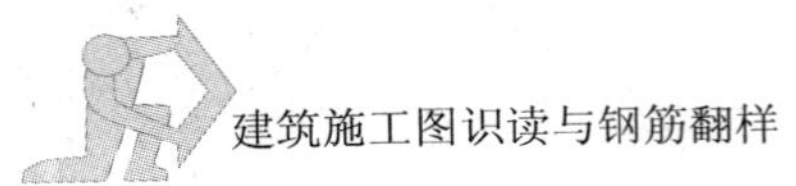

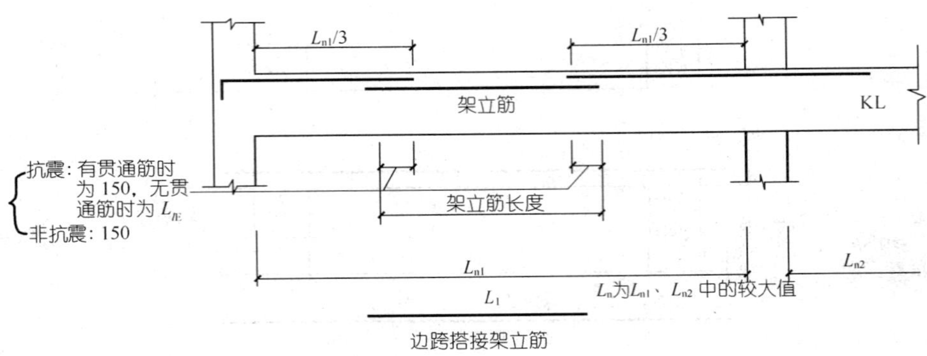

图 3-2-10　边跨搭接架立筋

1. 计算公式

$L = L_{n边} - L_{n边}/3 - \max\{L_{n边}/3, L_{n右}/3\} + 2L_{lE}$（或 150 或非抗震的 150）

2. 计算实例

已知梁已有贯通筋，$L_{n边} = 6\ 100\text{mm}$，$L_{n右} = 5\ 800\text{mm}$，求架立筋的长度。

解　$L = 6\ 100 - 6\ 100/3 - \max\{6\ 100/3, 5\ 800/3\} + 2 \times 150 = 2\ 333\text{mm}$

二　中跨搭接架立筋的下料尺寸

如图 3-2-11 所示为中跨搭接架立筋与左、右净跨长度及中间跨净跨长度的关系。

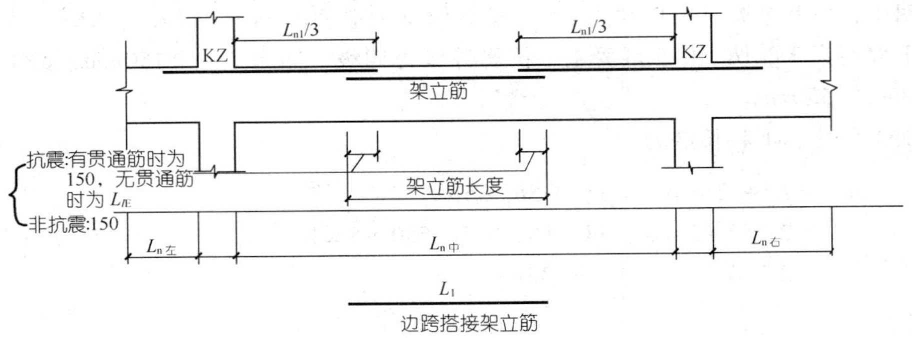

图 3-2-11　中跨搭接架立筋

计算公式：

$L = L_{n中} - \max\{L_{n左}/3, L_{n中}/3\} - \max\{L_{n中}/3, L_{n右}/3\} + 2L_{lE}$（或 150 或非抗震的 150）

计算实例略。

第八节　屋面框架梁、边柱或角柱处梁上部筋的加工尺寸、下料长度计算

这里着重讲边柱、角柱处屋面框架梁上部筋的计算，其他钢筋与前面讲的 KL 计算相同。

一 框架柱纵筋向屋面梁中弯锚

1. 通长筋的加工尺寸、下料长度计算公式

（1）加工长度

$$L_1 = \text{梁全长} - 2\text{倍柱筋保护层厚}$$

$$L_2 = \text{梁高}\ h - \text{梁筋保护层厚}$$

（2）下料长度

$$L = L_1 + 2L_2 - 90°\text{量度差值}$$

2. 边跨上部直角筋的加工长度、下料长度计算公式

第一排：

（1）加工尺寸

$$L_1 = L_{n\text{边}}/3 + h_c - \text{柱筋保护层厚}$$

$$L_2 = \text{梁高}\ h - \text{梁筋保护层厚}$$

（2）下料长度

$$L = L_1 + L_2 - 90°\text{量度差值}$$

第二排：

（1）加工尺寸

$$L_1 = L_{n\text{边}}/4 + h_c - \text{柱筋保护层厚} + (30 + d)$$

$$L_2 = \text{梁高}\ h - \text{梁筋保护层厚} - (30 + d)$$

（2）下料长度

$$L = L_1 + L_2 - 90°\text{量度差值}$$

二 屋面梁上部纵筋向框架柱中弯锚

1. 通长筋的加工尺寸、下料长度计算公式

（1）加工尺寸

$$L_1 = \text{梁全长} - 2\text{倍柱筋保护层厚}$$

$$L_2 = 1.7L_{aE}(\text{非抗震}\ 1.7L_a)$$

当梁上部纵筋配筋率 $\rho > 1.2\%$ 时（第二批截断）：

$$L_2 = 1.7L_{aE} + 20d(\text{非抗震}\ 1.7L_a + 20d)$$

（2）下料长度

$$L = L_1 + 2L_2 - 90°\text{量度差值}$$

2. 边跨上部直角筋的加工尺寸、下料长度计算公式

第一排：

（1）加工尺寸

$$L_1 = L_{n\text{边}}/3 + h_c - \text{柱筋保护层厚}$$

$$L_2 = 1.7L_{aE}\ (\text{非抗震}\ 1.7L_a)$$

当梁上部纵筋配筋率 $\rho > 1.2\%$ 时（第二批截断）：

$$L_2 = 1.7L_{aE} + 20d$$

（2）下料长度

$$L = L_1 + L_2 - 90°量度差值$$

第二排：

（1）加工尺寸

$$L_1 = L_{n边}/4 + h_c - 柱筋保护层厚$$

$$L_2 = 1.7L_{aE}\ （非抗震\ 1.7L_a）$$

（2）下料长度

$$L = L_1 + L_2 - 90°量度差值$$

三 角部附加筋的加工尺寸、下料长度计算

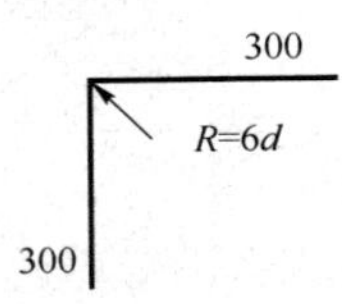

图 3-2-12　角部附加筋的加工尺寸

角部附加筋是用在顶层屋面梁与边角柱的节点处，当柱纵筋直径大于或等于 25mm 时，在柱宽范围的箍筋内侧设置间距不大于 150mm，但不少于 3φ10 的角部附加钢筋。

如图 3-2-12 所示为加工尺寸。

下料长度：

若 $d = 22$，则：$L = 300 \times 2 - 90°量度差值$

$= 300 \times 2 - 3.79 \times 22 = 517\text{mm}$

第九节　框架梁中其他钢筋的加工尺寸、下料长度计算

一 腰筋

（一）构造钢筋

1. 加工尺寸、下料长度计算公式

$$L_1\ (L) = L_n + 2 \times 15d$$

2. 实例

以附图中某学院办公楼结施 14 顶层结构梁配筋图⑬轴Ⓐ、Ⓒ跨 KL6 - 21 为例，查得梁高 $h = 700\text{mm}$，板厚 120mm，$L_{nAC} = 8\ 000\text{mm}$。

解　$h_w = h - 板厚 = 700 - 120 = 580\text{mm}$

在结构总说明中查得构造筋为 4 ф 12，则：

$L_1\ (L) = L_n + 2 \times 15d = 8\ 000 + 2 \times 15 \times 12 = 8\ 360\text{mm}$

（二）抗扭钢筋

其算法同通长钢筋。

二 吊筋

1. 加工尺寸（图 3-2-13）

$$L_1 = 20d；L_2 = （梁高\ h - 2\ 倍梁筋保护层厚）/\sin a；L_3 = 100 + b$$

2. 下料长度

$$L = L_1 + L_2 + L_3 - 4 \times 45°（60°）量度差值$$

3. 实例

在附图中，某学院办公楼结施 08 三层结构梁配筋图Ⓑ轴与⑤、⑥轴跨中 L3 - 1 的交点处吊梁为③号吊筋，在结构总说明中查③号吊筋为 2 ф 16，KL3 - 13 梁高为 600mm，L3 - 1 梁宽为 250mm。

解 （1）加工尺寸

$L_1 = 20d = 20 \times 16 = 320\text{mm}$

$L_2 =$（梁高 $h - 2$ 倍梁筋保护层厚）$/\sin a$

$= (600 - 25 \times 2) / \sin 45° = 778\text{mm}$

$L_3 = 100 + b = 100 + 250 = 350\text{mm}$

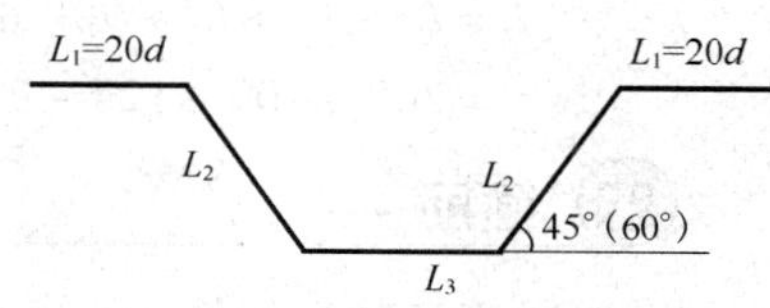

图 3-2-13 吊筋加工尺寸

（2）下料长度

$L = 2L_1 + 2L_2 + L_3 - 4 \times 45°$量度差值

$= 2 \times 320 + 778 \times 2 + 350 - 4 \times 0.522 \times 16$

$= 2\ 513\text{mm}$

三 拉筋

在平法中拉筋的弯钩往往是弯成 135°，但在施工时，拉筋一端做 135°的弯钩，而另一端先预制成 90°，绑扎后再将 90°弯成 135°，如图 3-2-14 所示。

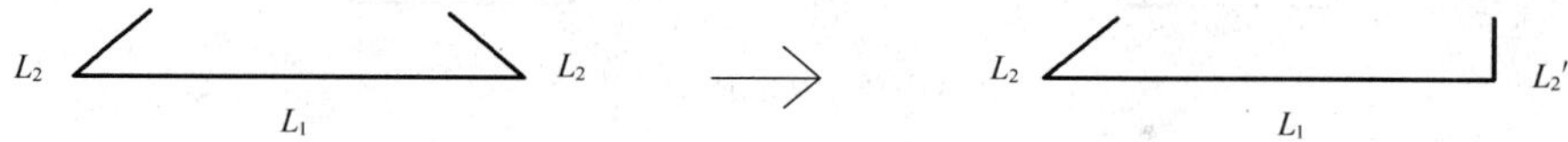

图 3-2-14 施工时拉筋端部弯钩角度

1. 加工尺寸

$$L_1 = 梁宽\ b - 2\ 倍梁筋保护层厚$$

L_2、L_2'可由表 3-2-1 查得。

拉筋端钩由 135°预制成 90°时 L_2 改注成 L_2'的数据表　　表 3-2-1

d（mm）	平直段长（mm）	L_2	L_2'
6	75	96	110
6.5	75	98	113
8	$10d$	109	127
10	$10d$	136	159
12	$10d$	163	190

注：L_2 为 135°弯钩增加值，$R = 2.5d$。

2. 下料长度

$$L = L_1 + 2L_2 \quad 或 \quad L = L_1 + L_2 + L_2' - 90°量度差值$$

3. 实例

以腰筋——构造钢筋 KL6-21 中的拉筋为例，查得拉筋为 ф8，梁宽为 250mm。

解 施工中，拉筋一端做135°的弯钩，而另一端先预制成90°，绑扎后再将90°弯成135°。

（1）加工尺寸

L_1 = 梁宽 $b-2$ 倍梁筋保护层厚 $=250-2\times25=200$mm

查得：

$L_2=109$mm，$L_2'=127$mm

（2）下料长度

$L=L_1+L_2+L_2'-90°$量度差值

$=200+109+127-2.288\times8=418$mm

四 箍筋

平法中箍筋的弯钩均为135°，平直段长 $10d$ 或75mm，取其大值。

如图3-2-15所示，L_1、L_2、L_3、L_4 为加工尺寸且为内包尺寸。

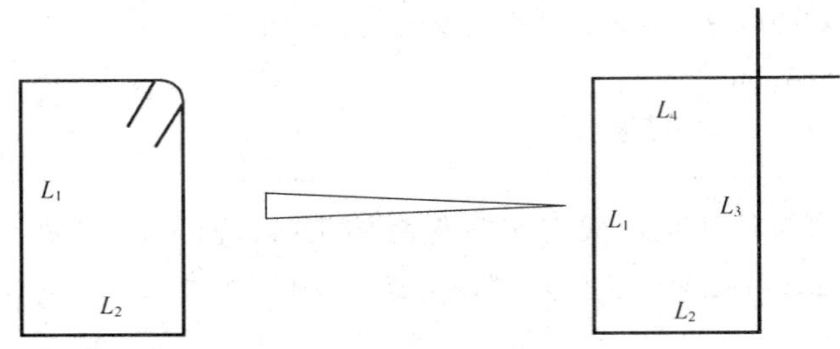

图3-2-15 箍筋加工尺寸

（一）梁中外围箍筋

1. 加工尺寸

L_1 = 梁高 $h-2$ 倍梁筋保护层厚；L_2 = 梁宽 $b-2$ 倍梁筋保护层厚；L_3 比 L_1 增加一个值，L_4 比 L_2 增加一个值，增加值是一样的，这个值可从表3-2-2中查得。

当 $R=2.5d$ 时，L_3 比 L_1 和 L_4 比 L_2 各自增加值 表3-2-2

d（mm）	平直段长（mm）	增加值（mm）
6	75	102
6.5	75	105
8	$10d$	117
10	$10d$	146
12	$10d$	175

2. 下料长度

$$L=L_1+L_2+L_3+L_4-3\times90°\text{量度差值}$$

其中90°量度差值可从“框架结构部分”的第一章“弯曲钢筋量度差值表”中查得。

3. 实例

以KL6-21梁为例，查得梁截面尺寸为700mm×250mm，箍筋为φ8@100/200。

解： （1）加工尺寸（图 3-2-16）

L_1 = 梁高 $h-2$ 倍梁筋保护层厚 $=700-2\times25$
$=650\text{mm}$

L_2 = 梁宽 $b-2$ 倍梁筋保护层厚 $=250-2\times25$
$=200\text{mm}$

$L_3=L_1+$ 增加值 $=650+117=767\text{mm}$

$L_4=L_2+$ 增加值 $=200+117=317\text{mm}$

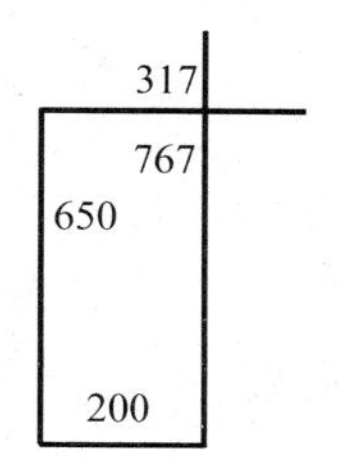

图 3-2-16　梁中外围箍筋加工尺寸实例

（2）下料长度

$L=L_1+L_2+L_3+L_4-3\times90°$ 量度差值
$=650+200+767+317-3\times0.288\times8$
$=1\ 927\text{mm}$

（二）梁截面中间局部箍筋

局部箍筋中对应的 L_2 长度是中间受力筋外皮间的距离，其他算法同外围箍筋，见图 3-2-17。

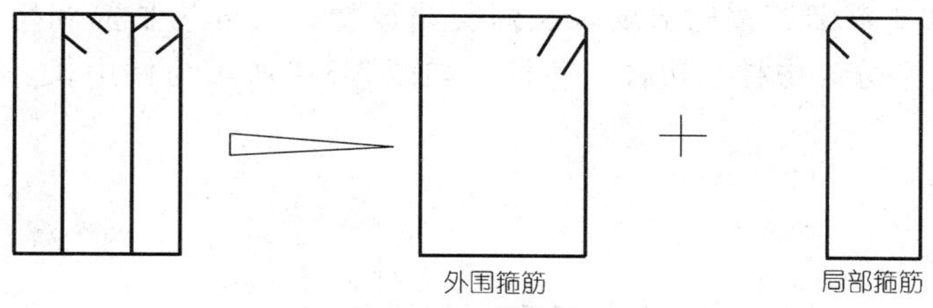

图 3-2-17　梁截面中间局部箍筋

第三章 框架柱中纵向钢筋的加工尺寸、下料长度计算

第一节　框架柱中纵向钢筋的加工尺寸、下料长度计算的概念

框架柱中钢筋按位置可分为顶层钢筋、中层钢筋、底层钢筋（包括基础中的插筋），柱中钢筋较多时按50%截断，按构造要求长短交错放置，又分为长筋和短筋。框架柱根据它所处的位置不同，又分为中柱、边柱、角柱。如图 3-3-1 所示为柱中长、短筋交错放置位置示意图。

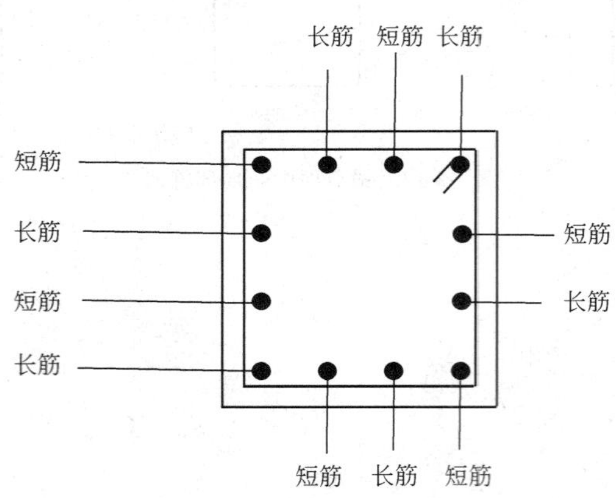

图 3-3-1　柱中长、短筋交错放置位置示意图

第二节　框架柱底层纵向钢筋的加工尺寸、下料长度计算

一　插筋计算

计算插筋之前，先要熟悉抗震或非抗震 KZ 纵向钢筋连接构造，如图 3-3-2 所示。

（一）插筋计算（图 3-3-3）

插筋外包尺寸 L_1 = 基础顶面内长 L_{1b} + 基础顶面以上的长 L_{1a}

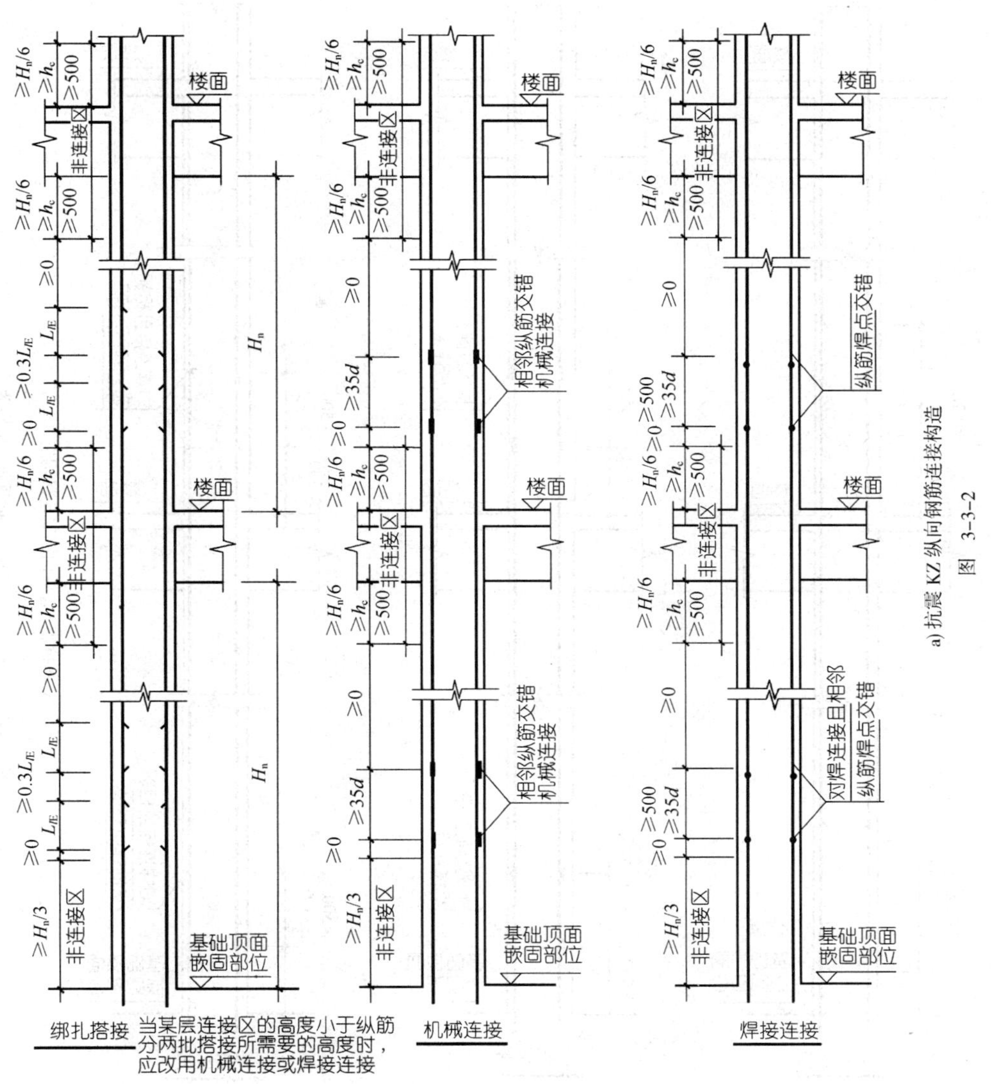

a) 抗震 KZ 纵向钢筋连接构造

图 3-3-2

其中 $L_2=12d$（或设计值）为插筋“脚”长，保护层厚：有垫层时取 40mm，无垫层时取 70mm。

1. 基础顶面内长

独立基础 L_{1b} = 基础底板厚 - 保护层厚 - 基础底板中双向筋直径

桩基　　L_{1b} = 承台厚 - 100（桩头伸入承台长） - 承台中下部双向筋直径

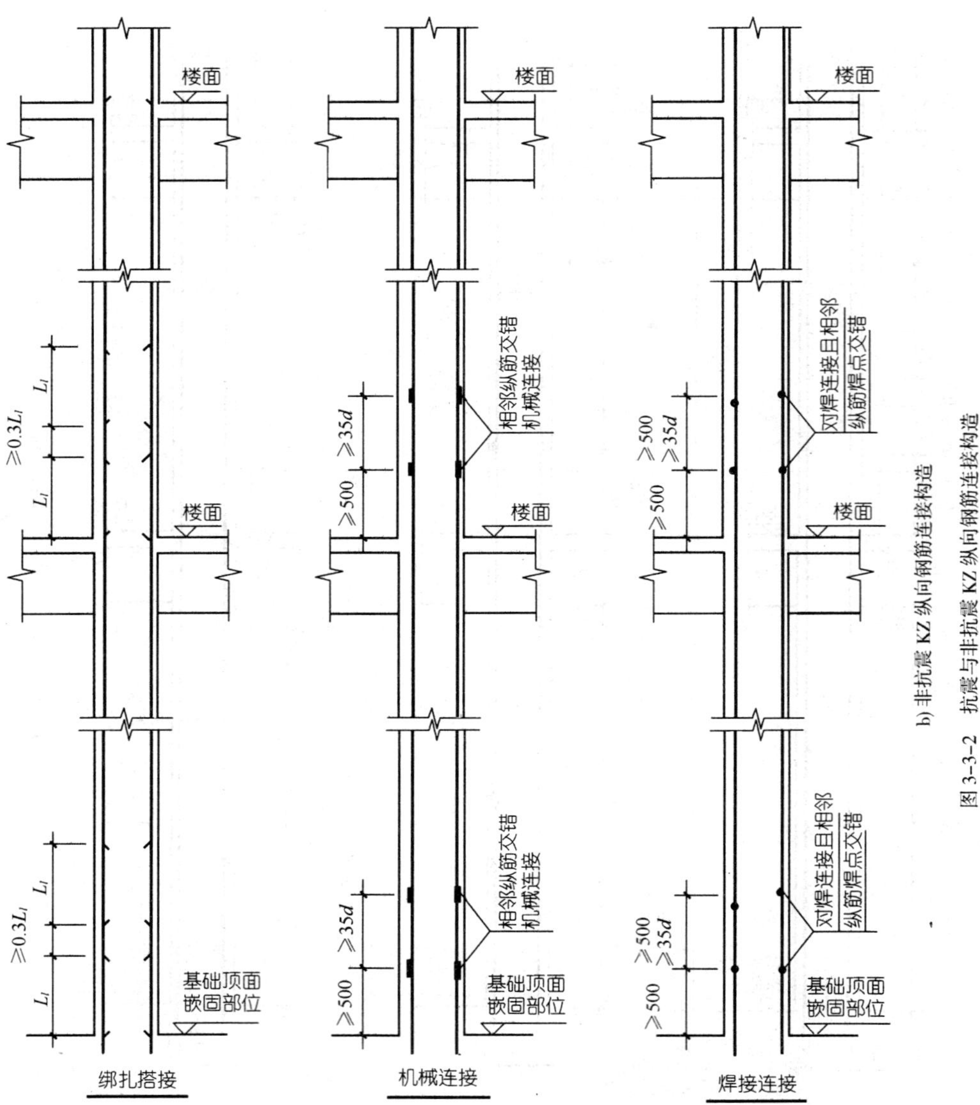

b) 非抗震 KZ 纵向钢筋连接构造

图 3-3-2　抗震与非抗震 KZ 纵向钢筋连接构造

此外，根据基础的厚度及基础的类型，L_{1b}及 L_2 有相应组合，见表 3-3-1，其中竖直长度≥20d 与弯钩长度为 35d 减竖直长度且≥150mm 的条件，适用于柱、墙插筋在桩基独立承台和承台梁中的锚固。

当 L_{1b}、L_2 的组合　　表 3-3-1

序号	插筋锚固长度	
	L_{1b}	L_2
1	≥0.5L_{aE}（0.5L_a）	12d 且≥150mm
2	≥0.6L_{aE}（0.6L_a）	12d 且≥150mm
3	≥0.7L_{aE}（0.7L_a）	12d 且≥150mm
4	≥0.8L_{aE}（0.8L_a）	12d 且≥150mm
5	≥L_{aE}（L_a）（35d 独立承台中用）	
6	≥20d	35d 减竖直长度且≥150mm

2. 基础顶面以上的长度

根据框架柱纵向钢筋连接方式的不同，即构造要求不同，基础顶面以上的插筋长度是不一样的。

（1）抗震情况

①纵向钢筋绑扎搭接

长插筋　$L_{1aE}=H_n/3+L_{lE}+0.3L_{lE}+L_{lE}=H_n/3+2.3L_{lE}$

短插筋　$L_{1aE}=H_n/3+L_{lE}$

其中，H_n 为第一层梁底至基础顶面的净高，$H_n/3$ 为非搭接区。长插筋采用绑扎时要注意钢筋的直径大小，否则直径大的可能进入楼面处的非搭接区，有此种情况时，应采用机械连接或焊接连接。另外，构造要求中“≥0”一般取零。

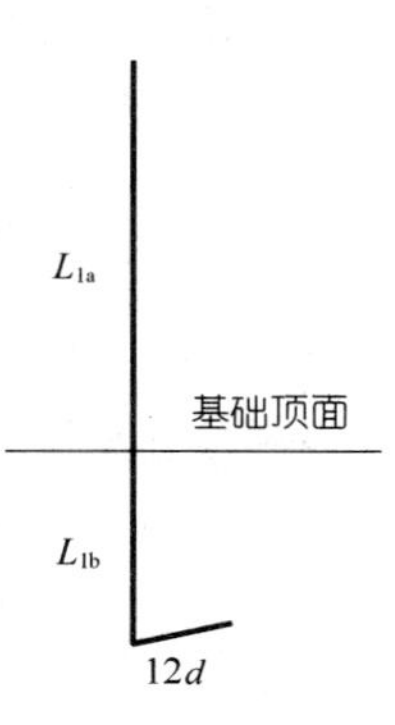

图 3-3-3　插筋

②纵向钢筋焊接连接（机械连接与其类似）

长插筋　$L_{1aE}=H_n/3+\max\{500, 35d\}$

短插筋　$L_{1aE}=H_n/3$

因此，插筋的加工尺寸 L_1 的计算方法为：

a. 绑扎搭接

独立基础：长插筋　L_1 = 基础底板厚 − 保护层厚 − 基础底板中双向筋直径 + $H_n/3+2.3L_{lE}$

短插筋　L_1 = 基础底板厚 − 保护层厚 − 基础底板中双向筋直径 + $H_n/3+L_{lE}$

桩基：　长插筋　L_1 = 承台厚 − 100（桩头伸入承台长） − 承台中下部双向筋直径 + $H_n/3+2.3L_{lE}$

短插筋　L_1 = 承台厚 − 100（桩头伸入承台长） − 承台中下部双向筋直径 + $H_n/3+L_{lE}$

b. 焊接连接

独立基础：长插筋　L_1 = 基础底板厚 − 保护层厚 − 基础底板中双向筋直径 + $H_n/3$ + $\max\{500, 35d\}$

短插筋　L_1 = 基础底板厚 − 保护层厚 − 基础底板中双向筋直径 + $H_n/3$

桩基：　长插筋　L_1 = 承台厚 − 100（桩头伸入承台长） − 承台中下部双向筋直径 + $H_n/3+\max\{500, 35d\}$

短插筋　L_1 = 承台厚 − 100（桩头伸入承台长） − 承台中下部双向筋直径 + $H_n/3$

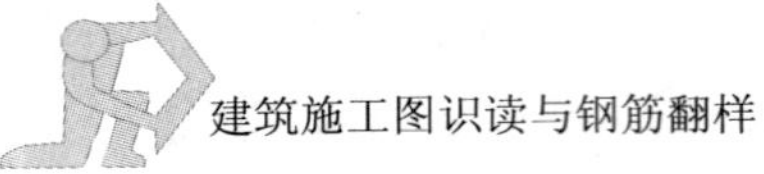

（2）非抗震情况

①纵向钢筋绑扎搭接情况

长插筋　$L_{1a}=L_l+0.3L_l+L_l=2.3L_l$

短插筋　$L_{1a}=L_l$

②纵向钢筋焊接连接情况（机械连接与其类似）

长插筋　$L_{1a}=500+\max\{500, 35d\}$

短插筋　$L_{1a}=500$

因此，插筋的加工尺寸 L_1 的计算方法为：

a. 绑扎搭接

独立基础：长插筋　L_1 = 基础底板厚 − 保护层厚 − 基础底板中双向筋直径 + $2.3L_l$

短插筋　L_1 = 基础底板厚 − 保护层厚 − 基础底板中双向筋直径 + L_l

桩基：长插筋　L_1 = 承台厚 − 100（桩头伸入承台长）− 承台中下部双向筋直径 + $2.3L_l$

短插筋　L_1 = 承台厚 − 100（桩头伸入承台长）− 承台中下部双向筋直径 + L_l

b. 焊接连接

独立基础：长插筋　L_1 = 基础底板厚 − 保护层厚 − 基础底板中双向筋直径 + $500+\max\{500, 35d\}$

短插筋　L_1 = 基础底板厚 − 保护层厚 − 基础底板中双向筋直径 + 500

桩基：长插筋　L_1 = 承台厚 − 100（桩头伸入承台长）− 承台中下部双向筋直径 + $500+\max\{500, 35d\}$

短插筋　L_1 = 承台厚 − 100（桩头伸入承台长）− 承台中下部双向筋直径 + 500

（二）插筋计算实例

以附图中某学院办公楼⑬轴与Ⓐ轴处的框架柱 KZ3 为例，其对应的基础为 J6 来讲插筋的计算（非抗震 KZ 类似）。查得 J6 基础板厚 $H=800$mm，有垫层，底板标高为 −1.500，一层层高为 3 900mm，二层梁截面尺寸为 250mm × 500mm，J6 对应的⑬轴与Ⓐ轴 KZ3 的纵筋角筋 4 ф 20，b 一侧中部筋 2 ф 16，h 一侧中部筋 2 ф 16，抗震等级为四级，C25 混凝土。以角筋 4 ф 20 来计算。

解　（1）加工尺寸

绑扎搭接：长插筋　$L_1=800-40+(3\,900-500+700)\div3+2.3\times34\times20\times1.4$
$=4\,316$mm

由 $L_1=4\,316$mm 可以看出，长插筋已进底层柱上部分的非连接区，因此绑扎搭接不适用，应改为焊接连接。

焊接连接：长插筋　$L_1=800-40+4\,100/3+35\times20=2\,827$mm

短插筋　$L_1=800-40+4\,100/3=2\,127$mm

加工尺寸如图 3-3-4 所示。

(2) 下料长度

长插筋　$L = L_1 + L_2 - 90°$量度差值 $= 2\,827 + 240 - 2.931 \times 20$

$= 3\,008\text{mm}$

短插筋　$L = L_1 + L_2 - 90°$量度差值 $= 2\,127 + 240 - 2.391 \times 20$

$= 2\,308\text{mm}$

注：平法中，$R = 4d$，90°量度差值取 2.391。

说明　b 侧、h 侧中部插筋长度 L_1 计算数据要小于角筋插筋长度 L_1 的计算数据，施工中 b 侧、h 侧中部筋的 L_1 的长度，即在构造要求"≥0"中进行调整，调整和角筋一样长。也可角筋 L_1 和 b 侧、h 侧中部筋 L_1 分别进行计算。

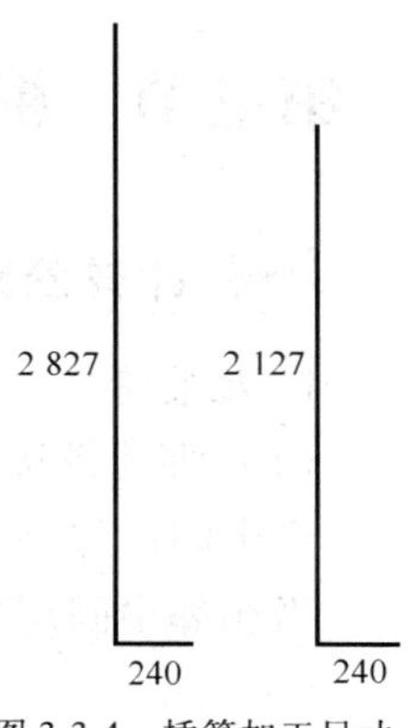

图 3-3-4　插筋加工尺寸

二 底层及伸出二层楼面纵向钢筋计算

1. 计算公式

(1) 抗震情况

①绑扎搭接

柱纵筋　$L_1\ (L) = 2/3H_n +$ 梁高 $h + \max\{H_n/6,\ h_c,\ 500\} + L_{lE}$

②焊接连接

柱纵筋　$L_1\ (L) = 2/3H_n +$ 梁高 $h + \max\{H_n/6,\ h_c,\ 500\}$

注意：

$2/3H_n$ 和 $H_n/6$ 中的 H_n 是不同的，$2/3H_n$ 的 H_n 是第一层梁底至基础顶面的净高，$H_n/6$ 中的 H_n 是第二层净高。

(2) 非抗震情况

①绑扎搭接

柱纵筋　$L_1\ (L) =$ 基础顶面至第二层楼面长 $+ L_l$

②焊接连接

柱纵筋　$L_1\ (L) =$ 基础顶面至第二层楼面长

2. 计算实例

还是以附图中某学院办公楼⑬轴与Ⓐ轴处的 KZ3 为例，按焊接连接来计算，二层净高 $H_n = 3\,100\text{mm}$。

解　加工尺寸、下料长度：

$L_1\ (L) = 4\,100 \times 2/3 + 500 + \{3\,100/6,\ 500,\ 500\}$

$= 2\,733 + 500 + 517 = 3\,750\text{mm}$

第三节 框架柱中间层纵向钢筋的加工尺寸、下料长度计算

一 计算公式

1. 抗震情况

(1) 绑扎搭接

当中间层层高不变时 L_1 (L) $=H_n+$梁高 $h+L_{lE}$

当相邻中间层层高有变化时 L_1 (L) $=H_{n下}-\max\{H_{n下}/6, h_c, 500\}+$梁高 $h+\max\{H_{n上}/6, h_c, 500\}+L_{lE}$

式中，$H_{n下}$是相邻两层下层的净高，$H_{n上}$是相邻两层上层的净高。

(2) 焊接连接

当中间层层高不变时 L_1 (L) $=H_n+$梁高 h（即层高）

当相邻中间层层高有变化时 L_1 (L) $=H_{n下}-\max\{H_{n下}/6, h_c, 500\}+$梁高 $h+\max\{H_{n上}/6, h_c, 500\}$

2. 非抗震情况

(1) 绑扎搭接

$$L_1\ (L)=\text{层高}+L_1$$

(2) 焊接连接

$$L_1\ (L)=\text{层高}$$

二 计算实例

还是以附图中某学院办公楼⑬轴与Ⓐ轴处的 KZ3 为例，按焊接连接来计算，$H_n=3\ 100$mm未变化。

解 加工尺寸、下料长度：

$$L_1\ (L)=H_n+\text{梁高}\ h=3\ 100+500=3\ 600\text{mm}$$

第四节 框架柱顶层顶筋的加工尺寸、下料长度计算

一 框架柱中柱顶筋的加工尺寸、下料长度计算

中柱柱顶纵向钢筋构造分如图 3-3-5 所示三种形式。

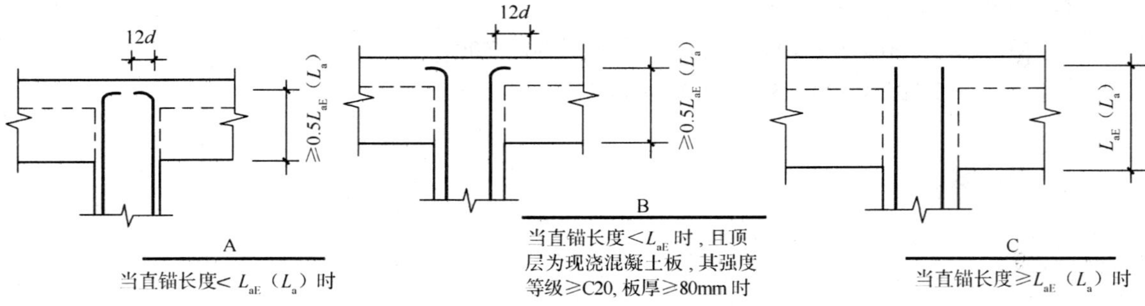

图 3-3-5 抗震（非抗震）中柱柱顶纵向钢筋的构造形式

虽然图 3-3-5 中 A、B 两种形式钢筋的弯折方向不同，但计算的方式是一样的，因此在计算框架柱中柱柱顶纵向钢筋时，可分为直锚长度 $<L_{aE}$（L_a）及直锚长度 $\geqslant L_{aE}$（L_a）两种情况。

（一）直锚长度 $<L_{aE}$（L_a）

1. 抗震情况（图 3-3-6）

（1）加工尺寸

①绑扎搭接

长筋 $L_1 = H_n - \max\{H_n/6, h_c, 500\} + 0.5L_{aE}$（且伸至柱顶）

短筋 $L_1 = H_n - \max\{H_n/6, h_c, 500\} - 1.3L_{lE} + 0.5L_{aE}$（且伸至柱顶）

②焊接连接（机械连接与其类似）

长筋 $L_1 = H_n - \max\{H_n/6, h_c, 500\} + 0.5L_{aE}$（且伸至柱顶）

短筋 $L_1 = H_n - \max\{H_n/6, h_c, 500\} - \max\{500, 35d\} + 0.5L_{aE}$（且伸至柱顶）

$L_2=12d$

L_1

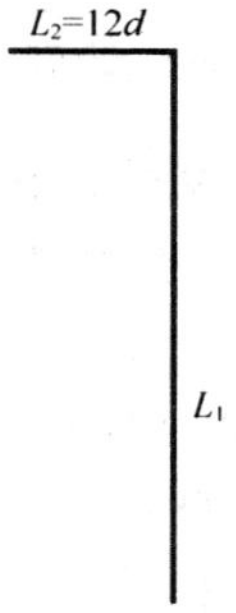

图 3-3-6 抗震情况时的加工尺寸

（2）下料长度

$L = L_1 + L_2 - 90°$量度差值

2. 非抗震情况

①绑扎搭接加工尺寸

长筋 $L_1 = H_n + 0.5L_a$（且伸至柱顶）

短筋 $L_1 = H_n - 1.3L_l + 0.5L_a$（且伸至柱顶）

②焊接连接加工尺寸（机械连接与其类似）

长筋 $L_1 = H_n - 500 + 0.5L_a$（且伸至柱顶）

短筋 $L_1 = H_n - 500 - \max\{500, 35d\} + 0.5L_a$（且伸至柱顶）

$L_2 = 12d$

（二）直锚长度 $\geqslant L_{aE}$（L_a）

1. 抗震情况

①绑扎搭接加工尺寸

长筋 $L = H_n - \max\{H_n/6, h_c, 500\} + L_{aE}$（且伸至柱顶）

短筋 $L = H_n - \max\{H_n/6, h_c, 500\} - 1.3L_{lE} + L_{aE}$（且伸至柱顶）

②焊接连接加工尺寸（机械连接与其类似）

长筋 $L = H_n - \max\{H_n/6, h_c, 500\} + L_{aE}$（且伸至柱顶）

短筋 $L = H_n - \max\{H_n/6, h_c, 500\} - \max\{500, 35d\} + L_{aE}$（且伸至柱顶）

2. 非抗震情况

（1）加工尺寸

①绑扎搭接

长筋 $L = H_n + L_a$（且伸至柱顶）

短筋 $L = H_n - 1.3L_l + L_a$（且伸至柱顶）

②焊接连接（机械连接与其类似）

长筋　$L=H_n-500+L_a$（且伸至柱顶）

短筋　$L=H_n-500-\max\{500,35d\}+L_a$（且伸至柱顶）

（2）下料长度

$L=L_1+L_2-90°$量度差值

（三）计算实例

以某学院办公楼⑥轴与Ⓒ轴处的KZ4的角筋按焊接连接为例来计算（其他中部筋计算类似），查得顶层层高为3 900mm，对KZ4而言，Ⓑ轴左边梁高为700mm，右边梁高为500mm，Ⓒ轴线上的梁高为700mm，KZ4柱截面尺寸为500mm×500mm，四根角筋为4 ф 22，C25混凝土，抗震等级为四级，取梁高500mm来计算。

验算：$L_{aE}=34d=34\times22=748\text{mm}>$梁高500mm，因此需弯锚，采用直锚长度$<L_{aE}$时的形式计算。

（1）加工尺寸

长筋　$L_1=3\,900-500-\max\{3\,400/6,500,500\}+(500-25)$
$=3\,400-3\,400/6+475=3\,308\text{mm}$

短筋　$L_1=3\,400-\max\{3\,400/6,500,500\}-\max\{500,35\times22\}+(500-25)$
$=3\,400-3\,400/6-35\times22+475=2\,538\text{mm}$

（2）下料长度

长筋　$L=L_1+L_2-90°$量度差值$=3\,308+264-2.931\times22=3\,507\text{mm}$

短筋　$L=L_1+L_2-90°$量度差值$=2\,538+264-2.931\times22=2\,738\text{mm}$

二　框架柱边柱顶筋的加工尺寸、下料长度计算

框架柱边柱顶筋构造有两种情况：一种是柱外侧筋向梁内弯曲，框架柱边柱顶筋构造形式有A、B、C三种形式；另一种是梁上纵筋向柱内弯曲，框架柱边柱顶筋构造形式有D、E两种形式。如图3-3-7所示。

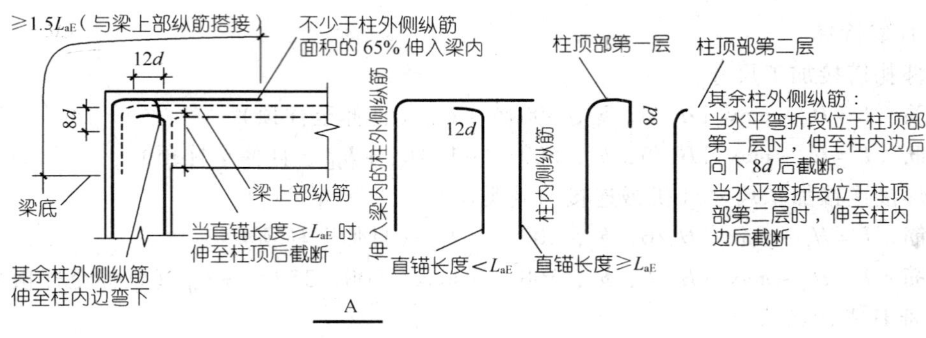

图　3-3-7

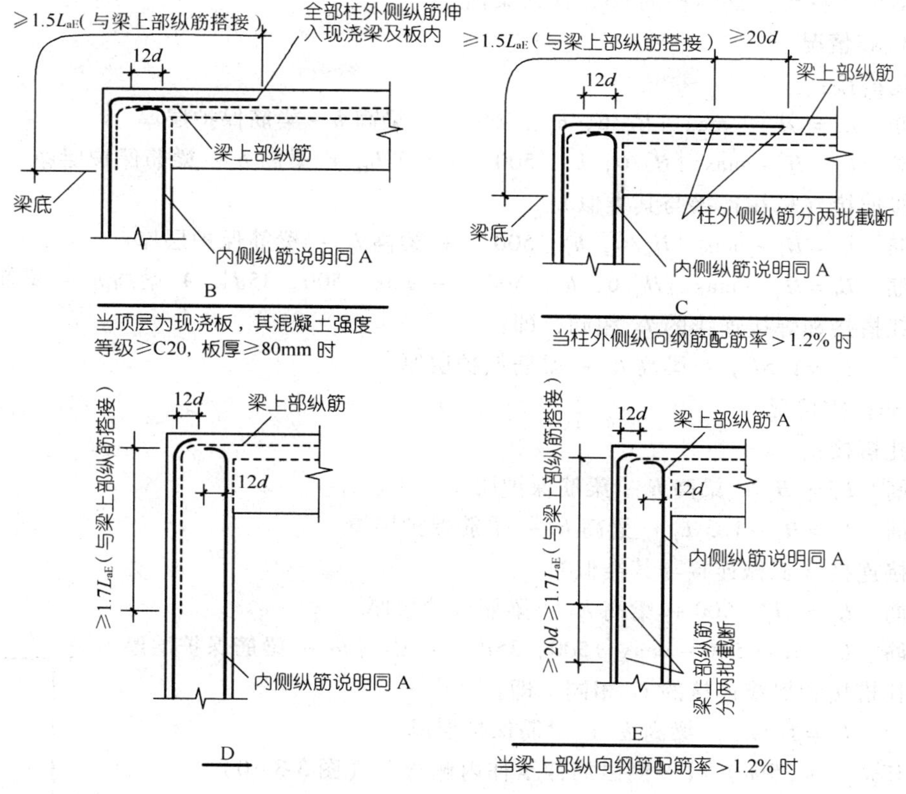

图 3-3-7　框架柱边柱顶筋构造形式

其中 A、B 形式中只有不多于 35% 柱外侧纵筋伸至柱内边弯下钢筋不同。B、C 形式只有柱外侧纵向钢筋的配筋率大于 1.2% 时，柱外侧纵筋才分两批截断。因此，边柱顶筋有柱外侧筋向梁内弯折 3 种情况，柱内侧筋分为直锚或弯锚，柱另外两边筋也分为直锚或弯锚，当然它们还分长、短筋。另外，注意柱外侧筋与柱内侧筋施工中摆放的位置关系，如图 3-3-8所示。

（一）边柱顶筋加工尺寸计算公式

1. A 节点形式

（1）柱外侧筋（图 3-3-9）

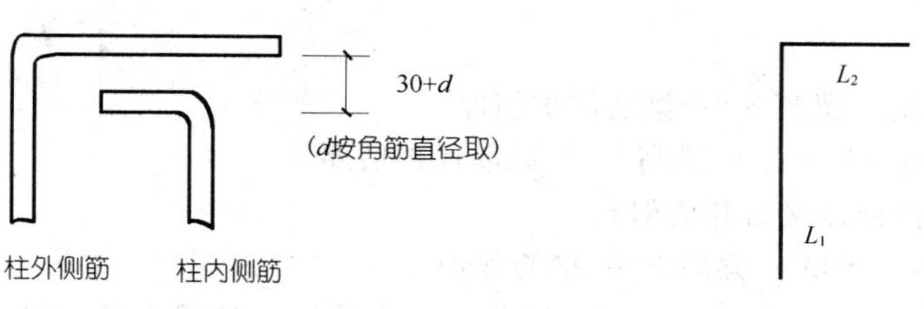

图 3-3-8　柱外侧筋与柱内侧筋施工中摆放的位置关系　　　图 3-3-9　柱外侧筋

①不少于柱外侧筋面积的65%伸入梁内

a. 抗震情况

绑扎搭接：

长筋　$L_1 = H_n - \max\{H_n/6, h_c, 500\} +$ 梁高 $h -$ 梁筋保护层厚

短筋　$L_1 = H_n - \max\{H_n/6, h_c, 500\} - 1.3L_{lE} +$ 梁高 $h -$ 梁筋保护层厚

焊接连接（机械连接与其类似）：

长筋　$L_1 = H_n - \max\{H_n/6, h_c, 500\} +$ 梁高 $h -$ 梁筋保护层厚

短筋　$L_1 = H_n - \max\{H_n/6, h_c, 500\} - \max\{500, 35d\} +$ 梁高 $h -$ 梁筋保护层厚

绑扎搭接和焊接连接的 L_2 相同，即：

$L_2 = 1.5L_{aE} -$ 梁高 $h +$ 梁筋保护层厚

b. 非抗震情况

绑扎搭接：

长筋　$L_1 = H_n +$ 梁高 $h -$ 梁筋保护层厚

短筋　$L_1 = H_n - 1.3L_l +$ 梁高 $h -$ 梁筋保护层厚

焊接连接（机械连接与其类似）

长筋　$L_1 = H_n - 500 +$ 梁高 $h -$ 梁筋保护层厚

短筋　$L_1 = H_n - 500 - \max\{500, 35d\} +$ 梁高 $h -$ 梁筋保护层厚

绑扎搭接和焊接连接的 L_2 相同，即：

$L_2 = 1.5L_a -$ 梁高 $h +$ 梁筋保护层厚

②其余（<35%）柱外侧纵筋伸至柱内侧弯下（图3-3-10）

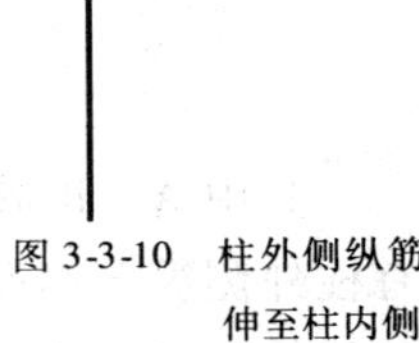

图3-3-10　柱外侧纵筋伸至柱内侧弯下

a. 抗震情况

绑扎搭接：

长筋　$L_1 = H_n - \max\{H_n/6, h_c, 500\} +$ 梁高 $h -$ 梁筋保护层厚

短筋　$L_1 = H_n - \max\{H_n/6, h_c, 500\} - 1.3L_{lE} +$ 梁高 $h -$ 梁筋保护层厚

焊接连接：

长筋　$L_1 = H_n - \max\{H_n/6, h_c, 500\} +$ 梁高 $h -$ 梁筋保护层厚

短筋　$L_1 = H_n - \max\{H_n/6, h_c, 500\} - \max\{500, 35d\} +$ 梁高 $h -$ 梁筋保护层厚

绑扎搭接和焊接连接的 L_2 相同，即：

$L_2 = h_c - 2$ 倍柱保护层厚

$L_3 = 8d$

b. 非抗震情况

绑扎搭接：

长筋　$L_1 = H_n +$ 梁高 $h -$ 梁筋保护层厚

短筋　$L_1 = H_n - 1.3L_l +$ 梁高 $h -$ 梁筋保护层厚

焊接连接（机械连接与其类似）：

长筋　$L_1 = H_n - 500 +$ 梁高 $h -$ 梁筋保护层厚

短筋　$L_1 = H_n - 500 - \max\{500, 35d\} +$ 梁高 $h -$ 梁筋保护层厚

绑扎搭接和焊接连接的 L_2 相同，即：

$L_2 = h_c - 2$ 柱保护层厚

$L_3 = 8d$

若有第二层筋，L_1 取值为上述"L_1"减去（$30 + d$）；L_2 不变；无 L_3，即 $L_3 = 0$。

（2）柱内侧筋（图 3-3-11）

①直锚长度 $< L_{aE}$（L_a）

a. 抗震情况

绑扎搭接：

长筋 $L_1 = H_n - \max\{H_n/6, h_c, 500\}$ + 梁高 h 梁筋保护层厚 − （$30 + d$）

短筋 $L_1 = H_n - \max\{H_n/6, h_c, 500\} - 1.3L_{lE}$ + 梁高 h − 梁筋保护层厚 − （$30 + d$）

焊接连接（机械连接与其类似）：

长筋 $L_1 = H_n - \max\{H_n/6, h_c, 500\}$ + 梁高 h − 梁筋保护层厚 − （$30 + d$）

图 3-3-11 柱内侧筋

短筋 $L_1 = H_n - \max\{H_n/6, h_c, 500\} - \max\{500, 35d\}$ + 梁高 h − 梁筋保护层厚 − （$30 + d$）

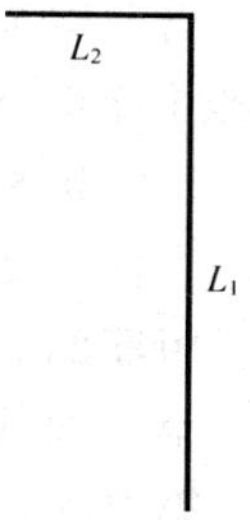

绑扎搭接和焊接连接的 L_2 相同，即：

$L_2 = 12d$

b. 非抗震情况

绑扎搭接：

长筋 $L_1 = H_n$ + 梁高 h − 梁筋保护层厚 − （$30 + d$）

短筋 $L_1 = H_n - 1.3L_l$ + 梁高 h − 梁筋保护层厚 − （$30 + d$）

焊接连接（机械连接与其类似）：

长筋 $L_1 = H_n - 500$ + 梁高 h − 梁筋保护层厚 − （$30 + d$）

短筋 $L_1 = H_n - 500 - \max\{500, 35d\}$ + 梁高 h − 梁筋保护层厚 − （$30 + d$）

绑扎搭接和焊接连接的 L_2 相同，即：

$L_2 = 12d$

②直锚长度 $\geq L_{aE}$（L_a）（此时的 $L_2 = 0$）

a. 抗震情况

绑扎搭接：

长筋 $L_1 = H_n - \max\{H_n/6, h_c, 500\} + L_{aE}$

短筋 $L_1 = H_n - \max\{H_n/6, h_c, 500\} - 1.3L_{lE} + L_{aE}$

焊接连接（机械连接与其类似）：

长筋 $L_1 = H_n - \max\{H_n/6, h_c, 500\} + L_{aE}$

短筋 $L_1 = H_n - \max\{H_n/6, h_c, 500\} - \max\{500, 35d\} + L_{aE}$

b. 非抗震情况

绑扎搭接：

长筋 $L_1 = H_n + L_a$

短筋 $L_1 = H_n - 1.3L_l + L_a$

焊接连接（机械连接与其类似）：

长筋　$L_1 = H_n - 500 + L_a$

短筋　$L_1 = H_n - 500 - \max\{500, 35d\} + L_a$

（3）柱另外两边中部筋

柱另外两边中部筋的计算方法同柱内侧筋计算。

2. B 节点形式

当顶层为现浇板，其混凝土强度等级≥C20，板厚≥8mm 时采用该节点式，其顶筋的加工尺寸计算公式与 A 节点形式对应钢筋的计算公式相同。

3. C 节点形式

当柱外侧纵向钢筋配料率大于 1.2% 时，柱外侧纵筋分两次截断，那么柱外侧纵向钢筋长、短筋的 L_1 同 A 节点形式的柱外侧纵向钢筋长、短筋 L_1 计算。L_2 的计算方法为：

第一次截断　　$L_2 = 1.5\ L_{aE}$（L_a）－梁高 h＋梁筋保护层厚

第二次截断　　$L_2 = 1.5\ L_{aE}$（L_a）－梁高 h＋梁筋保护层厚＋$20d$

B、C 节点形式其他柱内纵筋加工长度计算同 A 节点形式的对应筋。

4. D、E 节点形式

柱外侧纵筋加工尺寸计算（图 3-3-12）如下。

①抗震情况

绑扎搭接：

长筋　$L_1 = H_n - \max\{H_n/6, h_c, 500\}$＋梁高 h－梁筋保护层厚

短筋　$L_1 = H_n - \max\{H_n/6, h_c, 500\} - 1.3\ L_{lE}$＋梁高 h－梁筋保护层厚

焊接连接（机械连接与其类似）

长筋　$L_1 = H_n - \max\{H_n/6, h_c, 500\}$＋梁高 h－梁筋保护层厚

短筋　$L_1 = H_n - \max\{H_n/6, h_c, 500\} - \max\{500, 35d\}$＋梁高 h－梁筋保护层厚

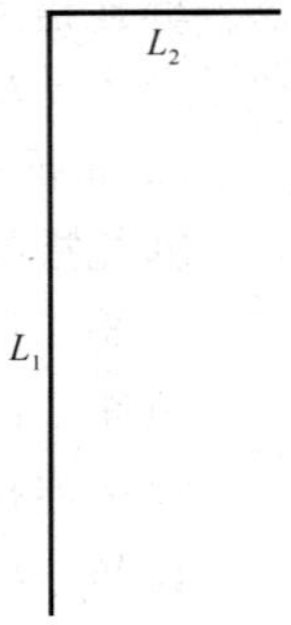

图 3-3-12　柱外侧纵筋加工长度

绑扎搭接和焊接连接的 L_2 相同，即：

$L_2 = 12d$

②非抗震情况

绑扎搭接：

长筋　$L_1 = H_n$＋梁高 h－梁筋保护层厚

短筋　$L_1 = H_n - 1.3\ L_l$＋梁高 h－梁筋保护层厚

焊接连接（机械连接与其类似）：

长筋　$L_1 = H_n - 500$＋梁高 h－梁筋保护层厚

短筋　$L_1 = H_n - 500 - \max\{500, 35d\}$＋梁高 h－梁筋保护层厚

绑扎搭接和焊接连接的 L_2 相同，即：

$L_2 = 12d$

D、E 节点形式其他柱内侧纵筋加工尺寸计算同 A 节点形式柱内侧对应筋计算。

（二）边柱顶筋下料长度计算公式

A 节点形式中小于 35% 柱外侧纵筋伸至柱内弯下的纵筋下料长度公式为：

$$L = L_1 + L_2 + L_3 - 2 \times 90°\text{量度差值}$$

其他纵筋均为：

$$L = L_1 + L_2 - 90°\text{量度差值}$$

（三）框架柱边柱顶筋加工尺寸、下料长度计算实例

仍以某学院办公楼的Ⓑ轴与Ⓐ轴处的 KZ3 为例，查得柱角筋为 4 ф 20，柱中部筋 b 侧 2 ф 16，h 侧 2 ф 16，顶层现浇板为 120mm 厚，C25 混凝土，层高 3 900mm，梁高为 700mm，柱截面尺寸为 500mm × 500mm，这样选择 B 节点形式焊接连接情况来计算。

解 （1）柱外侧筋

①加工尺寸

a. L_1 的计算

长筋 $L_1 = H_n - \max\{H_n/6,\ h_c,\ 500\} + \text{梁高 h} - \text{梁筋保护层厚}$

$= (3\,900 - 700) - \max\{3\,200/6,\ 500,\ 500\} + 700 - 25$

$= 3\,200 - 533 + 700 - 25 = 3\,342\text{mm}$

短筋的 L_1 分以下两种情况计算（因角筋与中部的直径不一样）：

角短筋 $L_1 = H_n - \max\{H_n/6,\ h_c,\ 500\} - \max\{500,\ 35d\} + \text{梁高}\ h - \text{梁筋保护层厚}$

$= 3\,200 - \max\{3\,200/6,\ 500,\ 500\} - \max\{500,\ 35 \times 20\} + 700 - 25$

$= 3\,200 - 533 - 700 + 700 - 25 = 2\,642\text{mm}$

中部短筋 $L_1 = H_n - \max\{H_n/6,\ h_c,\ 500\} - \max\{500,\ 35d\} + \text{梁高}\ h - \text{梁筋保护层厚}$

$= 3\,200 - 533 - \max\{500,\ 35 \times 16\} + 700 - 25$

$= 2\,782\text{mm}$

b. L_2 的计算

角长、短筋 $L_2 = 1.5\ L_{aE} - \text{梁高}\ h + \text{梁筋保护层厚}$

$= 1.5 \times 34 \times 20 - 700 + 25$

$= 345\text{mm}$

中部长、短筋 $L_2 = 1.5\ L_{aE} - \text{梁高}\ h + \text{梁筋保护层厚}$

$= 1.5 \times 34 \times 16 - 700 + 25$

$= 141\text{mm}$

②下料长度

因顶层边节点纵向钢筋弯折要求 $r = 6d$，所以查得 90°量度差值为 $3.79d$。

角长筋 $L = L_1 + L_2 - 90°\text{量度差值} = 3\,342 + 345 - 3.79 \times 20 = 3\,611\text{mm}$

角短筋 $L = L_1 + L_2 - 90°\text{量度差值} = 2\,642 + 345 - 3.79 \times 20 = 2\,911\text{mm}$

中部长筋 $L = L_1 + L_2 - 90°\text{量度差值} = 3\,342 + 141 - 3.79 \times 16 = 3\,422\text{mm}$

中部短筋 $L = L_1 + L_2 - 90°\text{量度差值} = 2\,782 + 141 - 3.79 \times 16 = 2\,862\text{mm}$

（2）柱内侧筋

①加工尺寸

角长筋　$L_1 = H_n - \max\{H_n/6, h_c, 500\}$ + 梁高 h − 梁筋保护层厚 − $(30+d)$

$= 3\,200 - \max\{3\,200/6, 500, 500\} + 700 - 25 - (30+20)$

$= 3\,292\text{mm}$

h 侧中部长筋（可直锚）　$L_1 = H_n - \max\{H_n/6, h_c, 500\} + L_{aE}$

$= 3\,200 - 533 + 34 \times 16 = 3\,211\text{mm}$

角短筋　$L_1 = H_n - \max\{H_n/6, h_c, 500\} - \max\{500, 35d\}$ + 梁高 h −

梁筋保护层厚 − $(30+d)$

$= 3\,200 - 533 - \max\{500, 35\times20\} + 700 - 25 - 50 = 2\,592\text{mm}$

h 侧中部短筋（可直锚）　$L_1 = H_n - \max\{H_n/6, h_c, 500\} - \max\{500, 35d\} + L_{aE}$

$= 3\,200 - 533 - \max\{500, 35\times16\} + 34\times16$

$= 2\,651\text{mm}$

$L_2 = 12d = 12\times20 = 240\text{mm}$

②下料长度

角长筋　$L = L_1 + L_2 - 90°$量度差值 $= 3\,292 + 240 - 3.79\times20 = 3\,456\text{mm}$

角短筋　$L = L_1 + L_2 - 90°$量度差值 $= 2\,592 + 240 - 3.79\times20 = 2\,756\text{mm}$

h 侧中部长筋　$L = 3\,211\text{mm}$

h 侧中部短筋　$L = 2\,651\text{mm}$

柱 b 侧中部筋的加工尺寸、下料长度计算同柱内侧（h 侧）中部筋的计算。

三　框架柱角柱顶筋的加工尺寸、下料长度计算

框架柱角柱中的钢筋弯折方向复杂，安放层次又多，应特别注意。角柱两侧有外边缘即外侧。位于外侧的钢筋都分别向自己的内侧方向即梁的方向弯折，这就分为第一排筋和第二排筋；剩下的两侧钢筋也都分别向对应的外侧弯去，一边是第三排筋，一边是第四排筋。角柱顶筋弯折情况见图 3-3-13，四排筋水平弯折方向及间距见图 3-3-14。

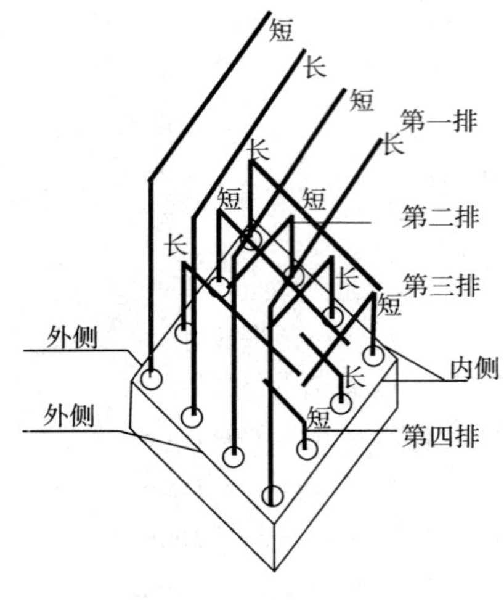

图 3-3-13　钢筋弯折方向

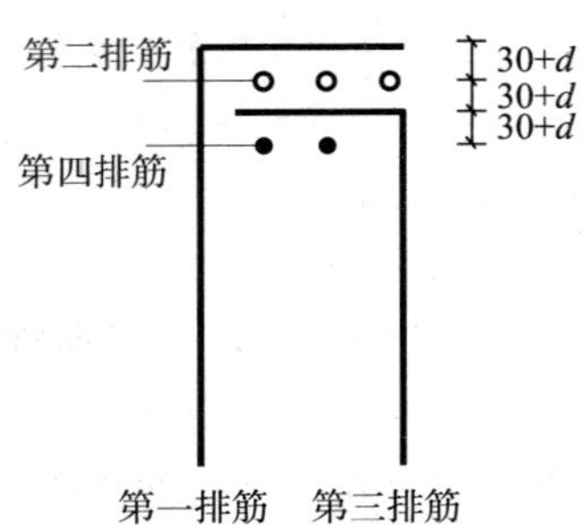

图 3-3-14　四排筋水平弯折方向及间距

（一）角柱顶筋的加工尺寸计算

1. 角柱顶筋中的第一排筋

角柱顶筋中的第一排筋可以利用边柱柱外侧筋的公式来计算。

2. 角柱顶筋中的第二排筋

（1）抗震情况

绑扎搭接：

长筋 $L_1 = H_n - \max\{H_n/6, h_c, 500\}$ + 梁高 h − 梁筋保护层厚 − $(30+d)$

短筋 $L_1 = H_n - \max\{H_n/6, h_c, 500\} - 1.3L_{lE}$ + 梁高 h − 梁筋保护层厚 − $(30+d)$

焊接连接（机械连接与其类似）：

长筋 $L_1 = H_n - \max\{H_n/6, h_c, 500\}$ + 梁高 h − 梁筋保护层厚 − $(30+d)$

短筋 $L_1 = H_n - \max\{H_n/6, h_c, 500\} - \max\{500, 35d\}$ + 梁高 h − 梁筋保护层厚 − $(30+d)$

绑扎搭接和焊接连接的 L_2 相同，即：

$L_2 = 1.5L_{aE}$ − 梁高 h + 梁筋保护层厚 + $(30+d)$

（2）非抗震情况

绑扎搭接：

长筋 $L_1 = H_n$ + 梁高 h − 梁筋保护层厚 − $(30+d)$

短筋 $L_1 = H_n - 1.3L_l$ + 梁高 h − 梁筋保护层厚 − $(30+d)$

焊接连接（机械连接与其类似）：

长筋 $L_1 = H_n - 500$ + 梁高 h − 梁筋保护层厚 − $(30+d)$

短筋 $L_1 = H_n - 500 - \max\{500, 35d\}$ + 梁高 h − 梁筋保护层厚 − $(30+d)$

绑扎搭接和焊接连接的 L_2 相同，即：

$L_2 = 1.5L_a$ − 梁高 h + 梁筋保护层厚 + $(30+d)$

3. 角柱顶筋中的第三排筋［直锚长度 $<L_{aE}$（L_a），即有水平筋］

（1）抗震情况

绑扎搭接：

长筋 $L_1 = H_n - \max\{H_n/6, h_c, 500\}$ + 梁高 h − 梁筋保护层厚 $-2\times(30+d)$

短筋 $L_1 = H_n - \max\{H_n/6, h_c, 500\} - 1.3L_{lE}$ + 梁高 h − 梁筋保护层厚 $-2\times(30+d)$

焊接连接（机械连接与其类似）：

长筋 $L_1 = H_n - \max\{H_n/6, h_c, 500\}$ + 梁高 h − 梁筋保护层厚 $-2\times(30+d)$

短筋 $L_1 = H_n - \max\{H_n/6, h_c, 500\} - \max\{500, 35d\}$ + 梁高 h − 梁筋保护层厚 $-2\times(30+d)$

绑扎搭接和焊接连接的 L_2 相同，即：

$L_2 = 12d$

若此时直锚长度 $\geq L_{aE}$，即无水平筋，那么其筋计算与边柱柱内侧筋在直锚长度 $\geq L_{aE}$ 时的情况一样。

（2）非抗震情况

绑扎搭接：

长筋 $L_1=H_n+$梁高 h − 梁筋保护层厚 $-2\times(30+d)$

短筋 $L_1=H_n-1.3L_l+$ 梁高 $h-$ 梁筋保护层厚 $-2\times(30+d)$

焊接连接（机械连接与其类似）：

长筋 $L_1=H_n-500+$ 梁高 $h-$ 梁筋保护层厚 $-2\times(30+d)$

短筋 $L_1=H_n-500-\max\{500,35d\}+$ 梁高 h − 梁筋保护层厚 $-2\times(30+d)$

绑扎搭接和焊接连接的 L_2 相同，即：

$$L_2=12d$$

若此时直锚长度≥L_a，即无水平筋，那么其筋计算与边柱柱内侧筋在直锚长度≥L_a 时的情况一样。

4. 角柱顶筋中的第四排筋［直锚长度<L_{aE}（L_a），即有水平筋］

（1）抗震情况

绑扎搭接：

长筋 $L_1=H_n-\max\{H_n/6,h_c,500\}+$梁高 h − 梁筋保护层厚 $-3\times(30+d)$

短筋 $L_1=H_n-\max\{H_n/6,h_c,500\}-1.3L_{lE}+$梁高 $h-$梁筋保护层厚 $-3\times(30+d)$

焊接连接（机械连接与其类似）：

长筋 $L_1=H_n-\max\{H_n/6,h_c,500\}+$ 梁高 h − 梁筋保护层厚 $-3\times(30+d)$

短筋 $L_1=H_n-\max\{H_n/6,h_c,500\}-\max\{500,35d\}+$ 梁高 $h-$ 梁筋保护层厚 $-3\times(30+d)$

绑扎搭接和焊接连接的 L_2 相同，即：

$$L_2=12d$$

若此时直锚长度≥L_{aE}，即无水平筋，那么其筋计算与边柱柱内侧筋在直锚长度≥L_{aE}时的情况一样。

（2）非抗震情况

绑扎搭接：

长筋 $L_1=H_n+$梁高 h − 梁筋保护层厚 $-3\times(30+d)$

短筋 $L_1=H_n-1.3L_l+$ 梁高 h − 梁筋保护层厚 $-3\times(30+d)$

焊接连接（机械连接与其类似）：

长筋 $L_1=H_n-500+$ 梁高 h − 梁筋保护层厚 $-3\times(30+d)$

短筋 $L_1=H_n-500-\max\{500,35d\}+$梁高 h − 梁筋保护层厚 $-3\times(30+d)$

绑扎搭接和焊接连接的 L_2 相同，即：

$$L_2=12d$$

若此时直锚长度≥L_a，即无水平筋，那么其筋计算与边柱柱内侧筋在直锚长度≥L_a 时的情况一样。

四 框架柱角柱顶筋的加工尺寸、下料长度计算实例

以附图中某学院办公楼⑭轴与Ⓐ轴处的角柱 KZ3 为例来计算说明，见图 3-3-15。查得顶层层高 3 900mm，KZ3 的截面尺寸为 500mm × 500mm，梁高：⑭轴方向的 KL − 22 为 700mm，Ⓐ轴方向的 KL6 − 23 为 500mm，取 700mm，C25 现浇板厚 120mm，柱配筋：角筋为 4 ⌀20，b 侧、h 侧中部筋均为 2 ⌀16，以焊接连接方式计算。

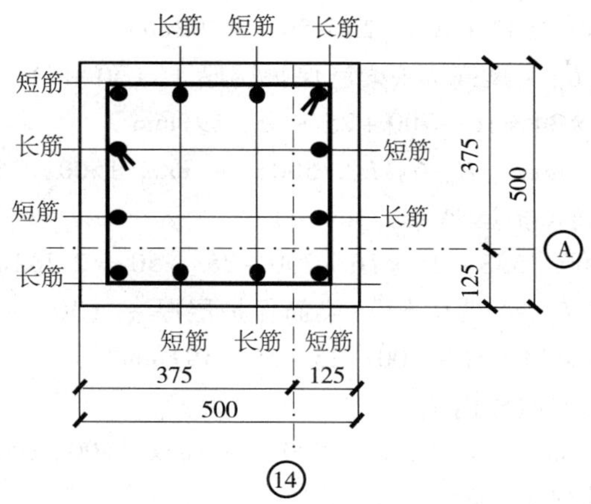

图 3-3-15　框架柱角柱顶筋布置示意图

解　（1）KZ3 角柱顶筋的加工尺寸计算

①第一排顶筋（⑭轴方向柱外侧筋）

角长筋　L_1 = H_n − max{H_n/6，h_c，500} + 梁高 h − 梁筋保护层厚

= 3 200 − max{3 200/6，500，500} + 700 − 25

= 3 342mm

L_2 = 1.5 L_{aE} − 梁高 h + 梁筋保护层厚

= 1.5 × 34 × 20 − 700 + 25 = 345mm

角短筋　L_1 = H_n − max{H_n/6，h_c，500} − max{500，35d} + 梁高 h − 梁筋保护层厚

= 3 200 − max{3 200/6，500，500} − max{500，35 × 20} + 700 − 25

= 2 642mm

L_2 = 1.5 L_{aE} − 梁高 h + 梁筋保护层厚 = 1.5 × 34 × 20 − 700 + 25 = 345mm

中部长筋　L_1 = H_n − max{H_n/6，h_c，500} + 梁高 h − 梁筋保护层厚

= 3 200 − 533 + 700 − 25 = 3 342mm

L_2 = 1.5 L_{aE} − 梁高 h + 梁筋保护层厚

= 1.5 × 34 × 16 − 700 + 25 = 165mm

中部短筋　L_1 = H_n − max{H_n/6，h_c，500} − max{500，35d} + 梁高 h − 梁筋保护层厚

= 3 200 − 533 − 35 × 16 + 700 − 25 = 2 782mm

L_2 = 1.5 L_{aE} − 梁高 h + 梁筋保护层厚

= 1.5 × 34 × 16 − 700 + 25 = 165mm

②第二排顶筋（Ⓐ轴方向柱外侧筋）

角长筋　L_1 = H_n − max{H_n/6，h_c，500} + 梁高 h − 梁筋保护层厚 − (30 + d)

= 3 200 − max{3200/6，500，500} + 700 − 25 − (30 + 20)

= 3 292mm

L_2 = 1.5 L_{aE} − 梁高 h + 梁筋保护层厚 + (30 + d)

= 1.5 × 34 × 20 − 700 + 25 + 50

= 395mm

中部长筋　L_1 = H_n − max{H_n/6，h_c，500} + 梁高 h − 梁筋保护层厚 − (30 + d)

$=3\ 200-533+700-25-50=3\ 292\text{mm}$

$L_2=1.5L_{aE}-$梁高$h+$梁筋保护层厚$+(30+d)$

$=1.5\times34\times16-700+25+50=191\text{mm}$

中部短筋　$L_1=H_n-\max\{H_n/6,\ h_c,\ 500\}-\max\{500,\ 35d\}+$梁高$h-$梁筋保护层厚$-(30+d)$

$=3\ 200-533-35\times16+700-25-50=2\ 732\text{mm}$

$L_2=1.5L_{aE}-$梁高$h+$梁筋保护层厚$+(30+d)$

$=1.5\times34\times16-700+25+50=191\text{mm}$

③第三排顶筋（⑭轴方向柱内侧）

角长筋　$L_1=H_n-\max\{H_n/6,\ h_c,\ 500\}-\max\{500,\ 35d\}+$梁高$h-$梁筋保护层厚$-2\times(30+d)$

$=3\ 200-533-700+700-25-100$

$=2\ 542\text{mm}$

$L_2=12d=12\times20=240\text{mm}$

中部长筋（可直锚）　$L_1=H_n-\max\{H_n/6,\ h_c,\ 500\}+L_{aE}$

$=3\ 200-533+34\times16=3\ 211\text{mm}$

$L_2=0$

中部短筋（可直锚）　$L_1=H_n-\max\{H_n/6,\ h_c,\ 500\}-\max\{500,\ 35d\}+L_{aE}$

$=3\ 200-533-560+34\times16=2\ 651\text{mm}$

$L_2=0$

④第四排顶筋（Ⓐ轴方向柱内侧）

由于此边梁的高度为500mm（计算时取$h=700\text{mm}$），锚固长度$<L_{aE}$，需弯锚，则：

中部长筋　$L_1=H_n-\max\{H_n/6,\ h_c,\ 500\}+$梁高$h-$梁筋保护层厚$-3\times(30+d)$

$=3\ 200-533+700-25-3\times(30+20)=3\ 192\text{mm}$

$L_2=12d=12\times16=192\text{mm}$

中部短筋　$L_1=H_n-\max\{H_n/6,\ h_c,\ 500\}-\max\{500,\ 35d\}+$梁高$h-$梁筋保护层厚$-3\times(30+d)$

$=3\ 200-533-35\times16+700-25-150=2\ 632\text{mm}$

$L_2=12d=12\times16=192\text{mm}$

（2）角柱KZ3顶筋的下料长度计算

①第一排

角长筋　$L=L_1+L_2-90°$量度差值$=3\ 342+345-3.79\times20=3\ 611\text{mm}$

角短筋　$L=L_1+L_2-90°$量度差值$=2\ 642+345-3.79\times20=2\ 911\text{mm}$

中部长筋　$L=L_1+L_2-90°$量度差值$=3\ 342+165-3.79\times16=3\ 446\text{mm}$

中部短筋　$L=L_1+L_2-90°$量度差值$=2\ 782+165-3.79\times16=2\ 886\text{mm}$

②第二排

角长筋　$L=L_1+L_2-90°$量度差值$=3\ 292+395-3.79\times20=3\ 611\text{mm}$

中部长筋　$L=L_1+L_2-90°$量度差值$=3\ 292+191-3.79\times16=3\ 422\text{mm}$

中部短筋　$L=L_1+L_2-90°$量度差值$=2\ 733+191-3.79\times16=2\ 863\text{mm}$

③第三排

角短筋　$L = L_1 + L_2 - 90°$量度差值 $= 2\ 542 + 240 - 3.79 \times 20 = 2\ 706$mm

中部长筋　$L = 3\ 211$mm

中部短筋　$L = 2\ 651$mm

④第四排

中部长筋　$L = L_1 + L_2 - 90°$量度差值 $= 3\ 192 + 192 - 3.79 \times 16 = 3\ 323$mm

中部短筋　$L = L_1 + L_2 - 90°$量度差值 $= 2\ 632 + 192 - 3.79 \times 16 = 2\ 763$mm

详见图 3-3-16。

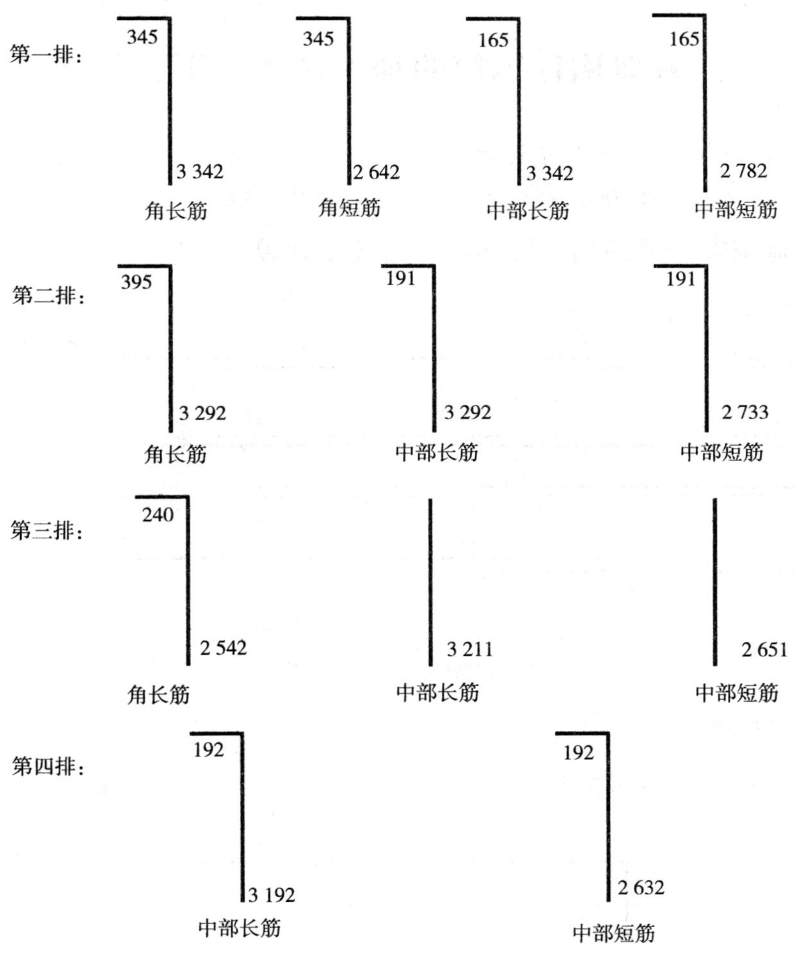

图 3-3-16　角柱 KZ3 顶筋的下料长度

第五节　柱箍筋的加工尺寸、下料长度计算

一 柱外围箍筋计算

柱外围箍筋同梁箍筋计算。

二 柱截面中间局部箍筋计算

柱截面中间局部箍筋计算同梁中局部箍筋计算。

附：非框架构件钢筋的加工尺寸、下料长度计算

在计算非框架构件钢筋的加工尺寸、下料长度时，钢筋的量度差值取值，应按钢筋类别（HPB235、HRB335、HRB400）在表 3-1-4、表 3-1-5 中查取。

一 非框架梁钢筋的加工尺寸、下料长度计算

以次梁为例，见附图-1。

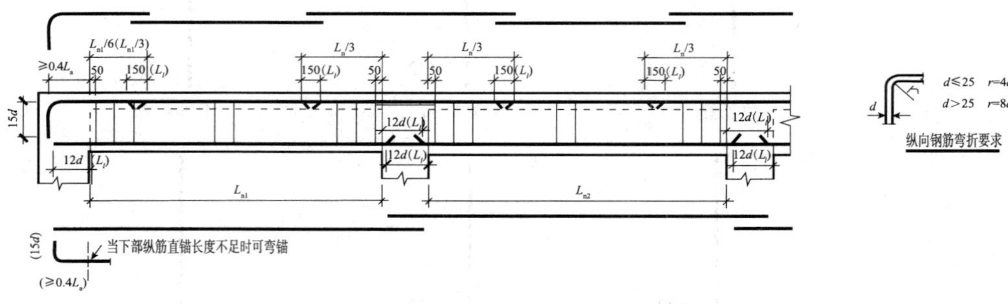

附图-1　非框架梁 L 配筋构造（括号内的数字用于弧形非架梁）

（一）非弧形梁

1. 边跨上部直角筋（附图-2）

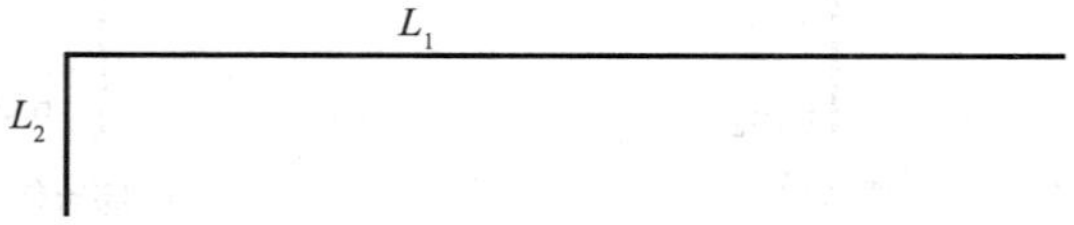

L_1

L_2

附图-2　非弧形梁边跨上部直角筋

（1）加工尺寸

$$L_1 = 0.4L_a + L_{n1}/5$$
$$L_2 = 15d$$

（2）下料长度

①HPB235 钢筋

$$L = L_1 + L_2 + 2 \times 6.25d - 90°\text{量度差值}$$
$$= 0.4L_a + L_{n1}/5 + 15d + 2 \times 6.25d - 90°\text{量度差值}$$

②HRB335、HRB400 钢筋

$$L = L_1 + L_2 - 90°\text{量度差值}$$
$$= 0.4L_a + L_{n1}/5 + 15d - 90°\text{量度差值}$$

注：$6.25d$ 为 180°弯钩增加值。

2. 中跨上部直筋（负筋）（附图-3）

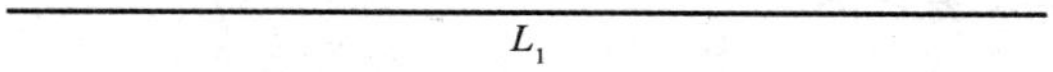

L_1

附图-3 非弧形梁中跨上部直筋（负筋）

（1）加工尺寸

$$L_1 = 2 \times L_n/3 + \text{主梁宽}$$

（2）下料长度

①HPB235 钢筋

$$L = L_1 + 2 \times 6.25d = 2 \times L_n/3 + \text{主梁宽} + 2 \times 6.25d$$

②HRB335、HRB400 钢筋

$$L = L_1 + 2 \times L_n/3 + \text{主梁宽}$$

注：L_n 取相邻跨跨距的大值。

3. 架立钢筋

（1）边跨架立钢筋的加工尺寸

$$L_1 = L_{n1} - L_{n1}/5 - L_n/3 + 2 \times 150$$

（2）边跨架立钢筋的下料长度

①HPB235 钢筋

$$L = 4/5\ L_{n1} - L_n/3 + 2 \times 150 + 2 \times 6.25d$$

②HRB335、HRB400 钢筋

$$L = 4/5\ L_{n1} - L_n/3 + 2 \times 150$$

（3）中跨架立钢筋的加工尺寸

$$L_1 = L_{n\text{中}} - L_{n\text{左}}/3 - L_{n\text{右}}/3 + 2 \times 150$$

（4）中跨架立钢筋的下料长度

①HPB235 钢筋

$$L = L_{n\text{左}}/3 - L_{n\text{右}}/3 + 2 \times 150 + 2 \times 6.25d$$

②HRB335、HRB400 钢筋

$$L = L_{n\text{左}}/3 - L_{n\text{右}}/3 + 2 \times 150$$

注：$L_{n\text{左}}$、$L_{n\text{右}}$ 相对 $L_{n\text{中}}$ 而言，$L_{n\text{左}}$、$L_{n\text{右}}$ 均为相邻跨的较大值。

4. 梁底部钢筋

（1）加工尺寸

①HPB235 钢筋

$$L_1 = L_{ni} + 2 \times 15d$$

②HRB335、HRB400 钢筋

$$L_1 = L_{ni} + 2 \times 12d$$

式中：L_{ni}——计算跨的净跨长。

（2）下料长度

①HPB235 钢筋

$$L = L_{ni} + 2 \times 15d + 2 \times 6.25d$$

②HRB335、HRB400 钢筋

$$L = L_{ni} + 2 \times 12d$$

5. 箍筋、腰筋（同框架梁计算）

（二）弧形梁

1. 边跨上部直角筋（附图-4）

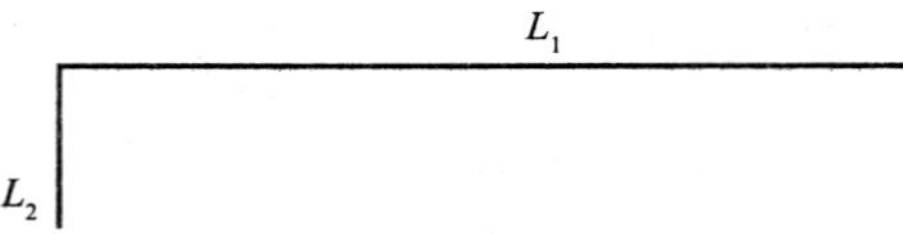

附图-4 弧形梁边跨上部直角筋

（1）加工尺寸

$$L_1 = 0.4L_a + L_n/3$$
$$L_2 = 15d$$

（2）下料长度

①HPB235 钢筋

$$L = L_1 + L_2 + 2 \times 6.25\text{d} - 90°\text{量度差值}$$
$$= 0.4L_a + L_{n1}/3 + 15d + 2 \times 6.25d - 90°\text{量度差值}$$

②HRB335、HRB400 钢筋

$$L = L_1 + L_2 - 90°\text{量度差值}$$
$$= 0.4L_a + L_{n1}/3 + 15d - 90°\text{量度差值}$$

注：$6.25d$ 为 180°弯钩增加值。

2. 中跨上部直筋（负筋）（图附-5）

L_1

附图-5 弧形梁中跨上部直筋（负筋）

（1）加工尺寸

$$L_1 = 2 \times L_n/3 + \text{主梁宽}$$

（2）下料长度

①HPB235 钢筋

$$L = L_1 + 2 \times 6.25d = 2 \times L_n/3 + \text{主梁宽} + 2 \times 6.25d$$

②HRB335、HRB400 钢筋

$$L = L_1 = 2 \times L_n/3 + \text{主梁宽}$$

注：L_n 取相邻跨跨距的大值。

3. 架立钢筋

(1) 边跨架立钢筋的加工尺寸

$$L_1 = 2L_{n1}/3 - L_n/3 + 2L_1$$

式中：L_1——与负筋的搭接长度。

(2) 边跨架立钢筋的下料长度

①HPB235 钢筋

$$L = 2L_{n1}/3 - L_n/3 + 2L_1 + 2 \times 6.25d$$

②HRB335、HRB400 钢筋

$$L = 2L_{n1}/3 - L_n/3 + 2L_1$$

(3) 中跨架立钢筋的加工尺寸

$$L_1 = L_{n中} - L_{n左}/3 - L_{n右}/3 + 2L_1$$

(4) 中跨架立钢筋的下料长度

①HPB235 钢筋

$$L = L_{n中} - L_{n左}/3 - L_{n右}/3 + 2L_1 + 2 \times 6.25d$$

②HRB335、HRB400 钢筋

$$L = L_{n中} - L_{n左}/3 - L_{n右}/3 + 2L_1$$

注：当负筋和架立筋合为一根筋时，也可在跨中 $L_{ni}/3$ 范围内按 L_1 进行搭接。

4. 梁底部钢筋

(1) 加工尺寸

$$L_1 = L_{ni} + 2L_a$$

(2) 下料长度

①HPB235 钢筋

$$L = L_{ni} + 2L_a + 2 \times 6.25d$$

②HRB335、HRB400 钢筋

$$L = L_{ni} + 2L_a$$

当直锚长度不足时，可按大于或等于（$0.4L_a + 15d$）弯锚，按边跨下部跨中直角筋的加工尺寸、下料长度计算。

二 现浇板钢筋的加工尺寸、下料长度计算

（一）板底筋（分布筋）

(1) 加工尺寸

$$L_1 = L_{ni} + 2 \times (\geq 5d \text{ 且至少到梁中线})$$

式中：L_{ni}——计算方向的净跨。

(2) 下料长度

①HPB235 钢筋

$$L = L_{ni} + 2 \times (\geq 5d \text{ 且至少到梁中线}) + 2 \times 6.25d$$

②HRB335 钢筋

$$L = L_{ni} + 2 \times (\geq 5d \text{ 且至少到梁中线})$$

如跨中有搭接，接长应按 L_1 加入搭接长度值。

（二）板负筋

1. 边跨（附图-6）

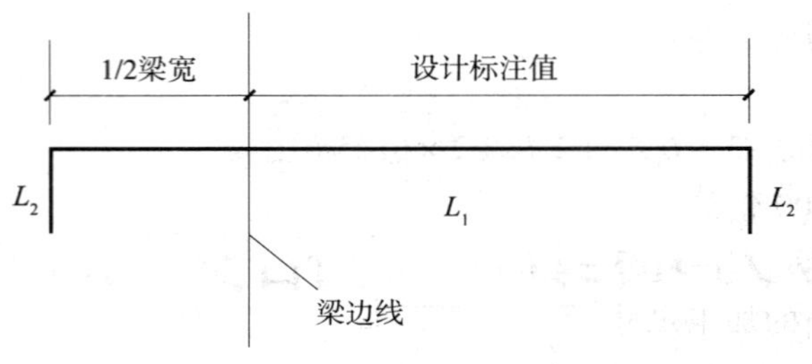

附图-6　边跨负筋

（1）加工尺寸

L_1 = 设计标注值 + 1/2 梁宽

L_2 = 现浇板厚 − 现浇板钢筋保护层厚

（2）下料长度

$L = L_1 + 2L_2 - 2 \times 90°$量度差值

= 设计标注值 + 梁宽/2 + 2 ×（现浇板厚 − 现浇板钢筋保护层厚）− 2 × 90°量度差值

2. 跨中（附图-7）

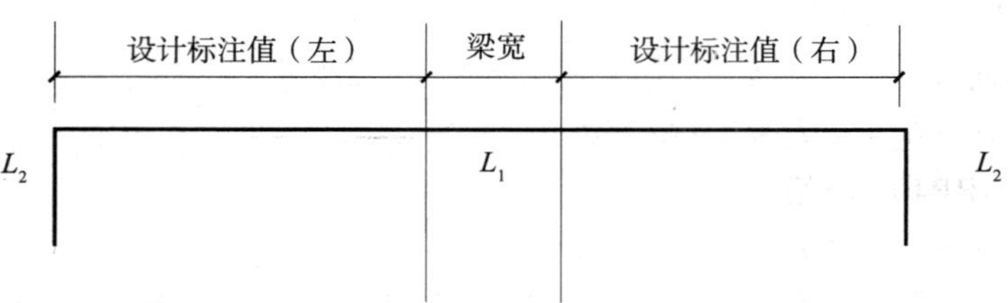

附图-7　板跨中负筋

（1）加工尺寸

L_1 = 设计标注值（左）+ 梁宽 + 设计标注值（右）

L_2 = 现浇板厚 − 现浇板筋保护层厚

（2）下料长度

$L = L_1 + 2L_2 - 2 \times 90°$量度差值

= 设计标注值（左）+ 梁宽 + 设计标注值（右）+ 2 ×（现浇板厚 − 现浇板钢筋保护层厚）− 2 × 90°量度差值

三　现浇板式楼梯钢筋的加工尺寸、下料长度计算

现浇板式楼梯钢筋的加工尺寸、下料长度计算方法类似现浇板钢筋的加工尺寸、下料长度计算，如钢筋有弯折时，要减去相应角度的量度差值。

剪力墙部分

第四章 剪力墙结构的相关知识

剪力墙结构的相关知识见框架结构的相关知识部分。

第五章 剪力墙墙身竖向分布筋的加工尺寸、下料长度计算

剪力墙墙身竖向分布筋中插筋的计算同框架柱插筋计算。

第一节 剪力墙边墙墙身竖向分布筋的加工尺寸、下料长度计算

剪力墙边墙墙身竖向分布筋分为底层竖向筋、中层竖向筋和顶层竖向筋。

一 底层竖向筋、中层竖向筋

（一）绑扎搭接

1. 抗震等级为一、二级且 $d \leqslant 28$mm（≥0 的情况均取 0）

此条件下，钢筋绑扎搭接情况见图 3-5-1。

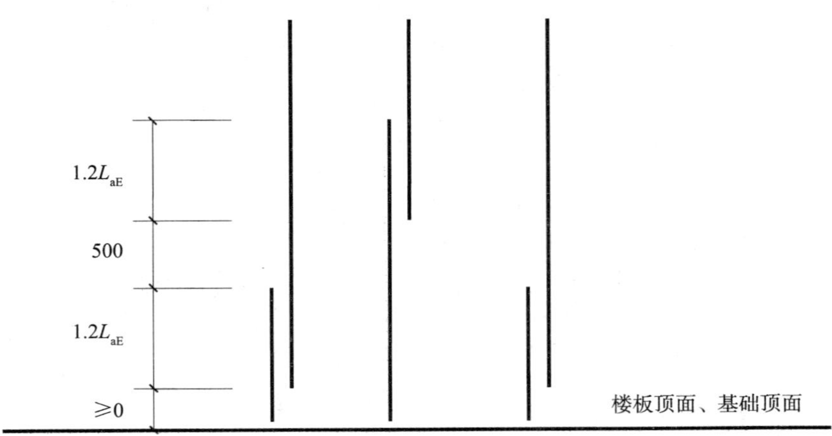

图 3-5-1 钢筋绑扎搭接示意图

（1）加工尺寸（见图 3-5-2）

①HPB235 钢筋：

$$L_1 = 层高 + 1.2\ L_{aE}$$

②HRB335、HRB400、RRB400 钢筋：

图 3-5-2　钢筋绑扎搭接时的加工尺寸示意图

L_1 = 层高 + 1.2 L_{aE}

（2）下料长度

①HPB235 钢筋：

L = 层高 + 1.2 L_{aE} + 2 × 6.25d

②HRB335、HRB400、RRB400 钢筋：

$L = L_1$ = 层高 + 1.2 L_{aE}

2. 抗震等级为三、四级或非抗震等级且 $d \leqslant 28$mm

此条件下，钢筋绑扎搭接情况见图 3-5-3。

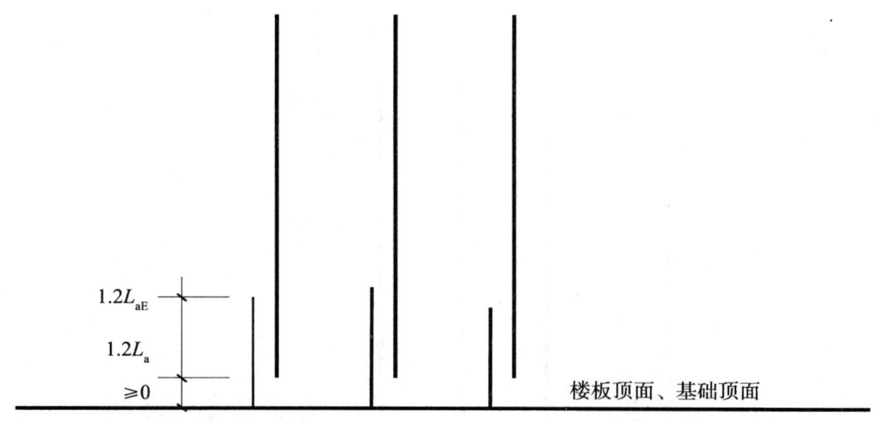

图 3-5-3　钢筋绑扎搭接示意图

（1）加工尺寸（见图 3-5-4）

①HPB235 钢筋：

L_1 = 层高 + 1.2L_{aE}（1.2L_a）；$L_2 = 5d$

②HRB335、HRB400、RRB400 钢筋：

L_1 = 层高 + 1.2L_{aE}（1.2L_a）

（2）下料长度

①HPB235 钢筋：

HPB235时　　　　HRB335、HRB400、RRB400时

图 3-5-4　钢筋绑扎搭接时的加工尺寸示意图

$L = L_1 + 2L_2 - 2 \times 90°$量度差值（90°量度差值为 1.751$d$ 或近视取 2d）

②HRB335、HRB400、RRB400 钢筋：

$L = L_1 =$ 层高 $+ 1.2L_{aE}$（$1.2L_a$）

（二）机械连接

抗震等级为一～四级及非抗震等级，且 $d > 28$mm，钢筋机械连接情况见图 3-5-5。

钢筋加工尺寸、下料长度为：

$$L = \text{层高}$$

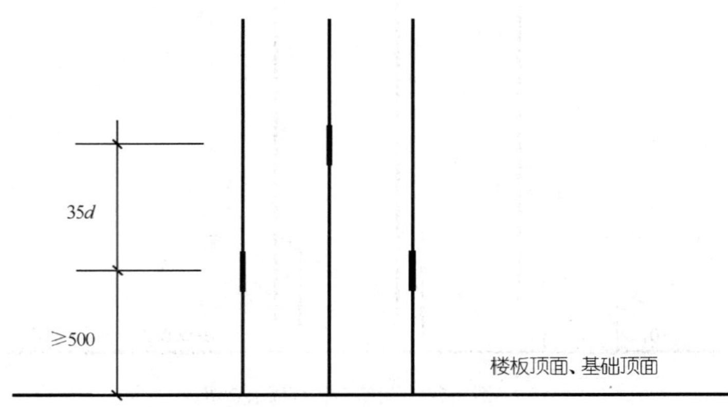

图 3-5-5　钢筋机械连接示意图

二　顶层竖向筋

（一）绑扎搭接

1. 抗震等级为一、二级且 $d \leqslant 28$mm

由于长、短筋交替放置，所以有长 L_1 和短 L_1 之分，同时边墙也有外侧筋和内侧筋

之分。

（1）边墙顶层竖向筋为 HPB235 时（图 3-5-6）

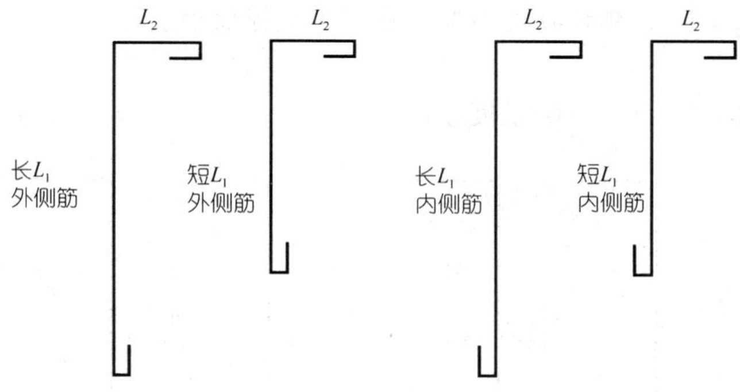

图 3-5-6　边墙顶层竖向筋为 HPB235 时的绑扎搭接加工尺寸示意图

①长外侧筋

加工尺寸：

L_1 = 层高 − 顶层现浇板保护层厚

$L_2 = L_{aE}$ − 顶层现浇板厚 + 顶层现浇板保护层厚

$L_3 = 5d$

下料长度：

$L = L_1 + L_2 - 90°$量度差值 $+ 2 \times 6.25d$

②短外侧筋

加工尺寸：

L_1 = 层高 − （$1.2L_{aE} + 500$） − 顶层现浇板保护层厚

$L_2 = L_{aE}$ − 顶层现浇板厚 + 顶层现浇板保护层厚

下料长度：

$L = L_1 + L_2 - 90°$量度差值 $+ 2 \times 6.25d$

③长内侧筋

加工尺寸：

L_1 = 层高 − 顶层现浇板保护层厚 − （$30 + d$）

$L_2 = L_{aE}$ − 顶层现浇板厚 + 顶层现浇板保护层厚 + （$30 + d$）

下料长度：

$L = L_1 + L_2 - 2 \times 90°$量度差值 $+ 2 \times 6.25d$

④短内侧筋

加工尺寸：

L_1 = 层高 − （$1.2L_{aE} + 500$） − 顶层现浇板保护层厚 − （$30 + d$）

$L_2 = L_{aE}$ − 顶层现浇板厚 + 顶层现浇板保护层厚 + （$30 + d$）

下料长度：

$L = L_1 + L_2 - 90°$量度差值 $+ 2 \times 6.25d$

（2）边墙顶层竖向筋为 HRB335、HRB400、RRB400 时（图 3-5-7）

①长外侧筋

加工尺寸：

$$L_1 = 层高 - 顶层现浇板保护层厚$$

$$L_2 = L_{aE} - 顶层现浇板厚 + 顶层现浇板保护层厚$$

下料长度：

$$L = L_1 + L_2 - 90°量度差值$$

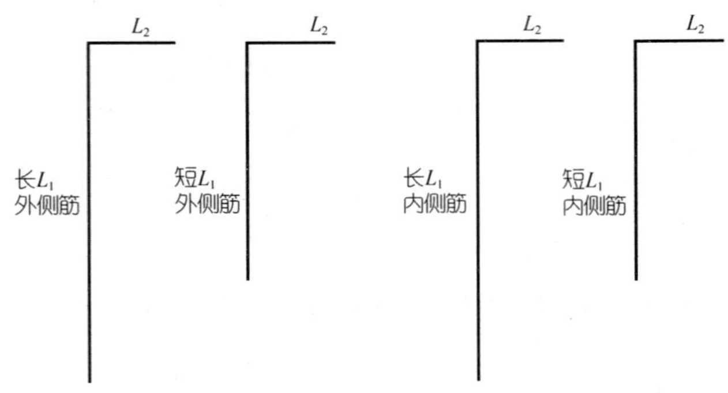

图 3-5-7 边墙顶层竖向筋为 HRB335、HRB400、RRB400 时的绑扎搭接加工尺寸示意图

②短外侧筋

加工尺寸：

$$L_1 = 层高 - (1.2L_{aE} + 500) - 顶层现浇板保护层厚$$

$$L_2 = L_{aE} - 顶层现浇板厚 + 顶层现浇板保护层厚$$

下料长度：

$$L = L_1 + L_2 - 90°量度差值$$

③长内侧筋

加工尺寸：

$$L_1 = 层高 - 顶层现浇板保护层厚 - (30 + d)$$

$$L_2 = L_{aE} - 顶层现浇板厚 + 顶层现浇板保护层厚 + (30 + d)$$

下料长度：

$$L = L_1 + L_2 - 90°量度差值$$

④短内侧筋

加工尺寸：

$$L_1 = 层高 - (1.2L_{aE} + 500) - 顶层现浇板保护层厚 - (30 + d)$$

$$L_2 = L_{aE} - 顶层现浇板厚 + 顶层现浇板保护层厚 + (30 + d)$$

下料长度：

$$L = L_1 + L_2 - 90°量度差值$$

2. 抗震等级为三、四级及非抗震等级且 $d \leqslant 28$mm

此条件下，无、长短筋之分，左、右侧筋计算相同。

(1) 边墙顶层竖向筋为 HPB235 时（图 3-5-8）

①外侧筋

加工尺寸：

$$L_1 = 层高 - 顶层现浇板保护层厚$$

$L_2 = L_{aE}$（L_a）－顶层现浇板厚＋顶层现浇板保护层厚

$L_3 = 5d$

下料长度：

$L = L_1 + L_2 + L_3 - 2 \times 90°$量度差值

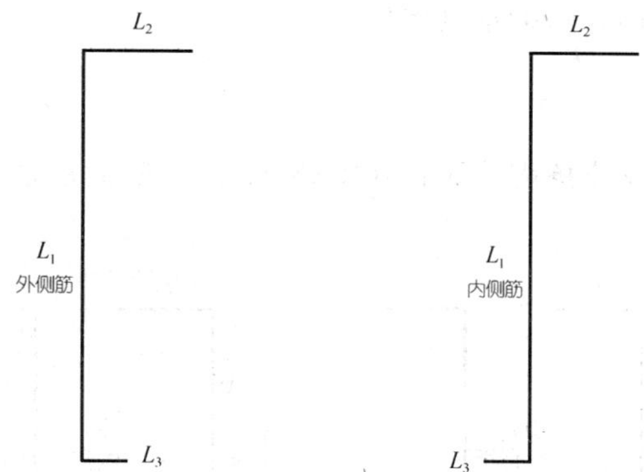

图 3-5-8　边墙顶层竖向筋为 HPB235 时的绑扎搭接加工尺寸示意图

②内侧筋

加工尺寸：

L_1＝层高－顶层现浇板保护层厚－（$30 + d$）

$L_2 = L_{aE}$（L_a）－顶层现浇板厚＋顶层现浇板保护层厚＋（$30 + d$）

$L_3 = 5d$

下料长度：

$L = L_1 + L_2 + L_3 - 2 \times 90°$量度差值

（2）边墙顶层竖向筋为 HRB335、HRB400、RRB400 时（图 3-5-9）

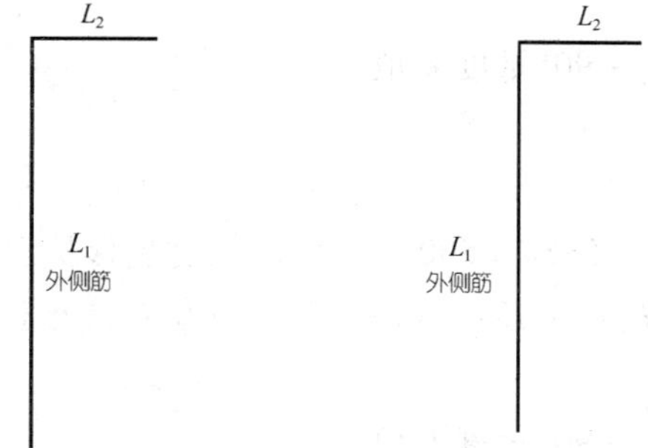

图 3-5-9　边墙顶层竖向筋为 HRB335、HRB400、RRB400 时的绑扎搭接加工尺寸示意图

①外侧筋

加工尺寸：

L_1＝层高－顶层现浇板保护层厚

$L_2 = L_{aE}$（L_a）－顶层现浇板厚＋顶层现浇板保护层厚

下料长度：

$L = L_1 + L_2 - 90°$量度差值

②内侧筋

加工尺寸：

$$L_1 = 层高 - 顶层现浇板保护层厚 - (30 + d)$$

$$L_2 = L_{aE} (L_a) - 顶层现浇板厚 + 顶层现浇板保护层厚 + (30 + d)$$

下料长度：

$$L = L_1 + L_2 - 90°量度差值$$

（二）机械连接

抗震等级为一～四级及非抗震等级且 $d > 28$mm 时，竖向筋加工尺寸、下料长度计算如下（图 3-5-10）。

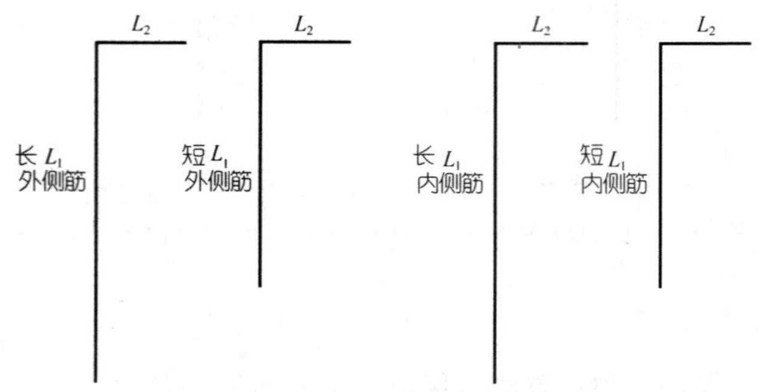

图 3-5-10 钢筋机械连接加工尺寸示意图

①长外侧筋

加工尺寸：

$$L_1 = 层高 - 500 - 顶层现浇板保护层厚$$

$$L_2 = L_{aE} (L_a) - 顶层现浇板厚 + 顶层现浇板保护层厚$$

下料长度：

$$L = L_1 + L_2 - 90°量度差值$$

②短外侧筋

加工尺寸：

$$L_1 = 层高 - (35d + 500) - 顶层现浇板保护层厚$$

$$L_2 = L_{aE} (L_a) - 顶层现浇板厚 + 顶层现浇板保护层厚$$

下料长度：

$$L = L_1 + L_2 - 90°量度差值$$

③长内侧筋

加工尺寸：

$$L_1 = 层高 - 500 - 顶层现浇板保护层厚 - (30 + d)$$

$$L_2 = L_{aE} (L_a) - 顶层现浇板厚 + 顶层现浇板保护层厚 + (30 + d)$$

下料长度：

$$L = L_1 + L_2 - 90°量度差值$$

④短外侧筋

加工尺寸：

L_1 = 层高 － （$35d + 500$） － 顶层现浇板保护层厚 － （$30 + d$）

$L_2 = L_{aE}$ （L_a） － 顶层现浇板厚 + 顶层现浇板保护层厚 + （$30 + d$）

下料长度：

$L = L_1 + L_2 - 90°$量度差值

第二节　剪力墙中墙墙身竖向分布筋的加工尺寸、下料长度计算

剪力墙中墙墙身竖向分布筋也分为底层竖向筋、中层竖向筋和顶层竖向筋。

一　底层竖向筋、中层竖向筋

中墙底层竖向筋、中层竖向筋的加工尺寸、下料长度计算方法同边墙的底层竖向筋、中层竖向筋的加工尺寸、下料长度计算。

二　顶层竖向筋

（一）绑扎搭接

1．抗震等级为一、二级且 $d \leqslant 28$mm

由于长、短筋交替放置，所以有长 L_1 和短 L_1 之分，但没有外侧筋和内侧筋之分。左、右侧筋计算相同。

（1）中墙顶层竖向筋为 HPB235 时（图 3-5-11）

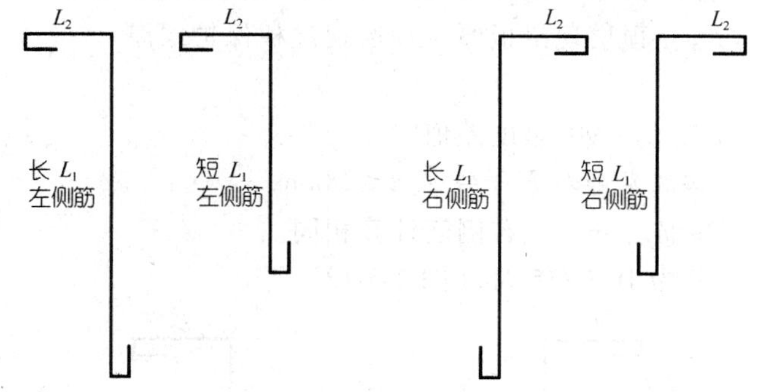

图 3-5-11　中墙顶层竖向筋为 HPB235 时的绑扎搭接加工尺寸示意图

①长筋

加工尺寸：

L_1 = 层高 － 顶层现浇板保护层厚

$L_2 = L_{aE}$ － 顶层现浇板厚 + 顶层现浇板保护层厚

下料长度：

$L = L_1 + L_2 - 90°$量度差值

②短筋

加工尺寸：

L_1 = 层高 － （$1.2L_{aE} + 500$） － 顶层现浇板保护层厚

$$L_2 = L_{aE} - 顶层现浇板厚 + 顶层现浇板保护层厚$$

下料长度：

$$L = L_1 + L_2 - 90°量度差值$$

（2）中墙顶层竖向筋为 HRB335、HRB400、RRB400 时（图 3-5-12）

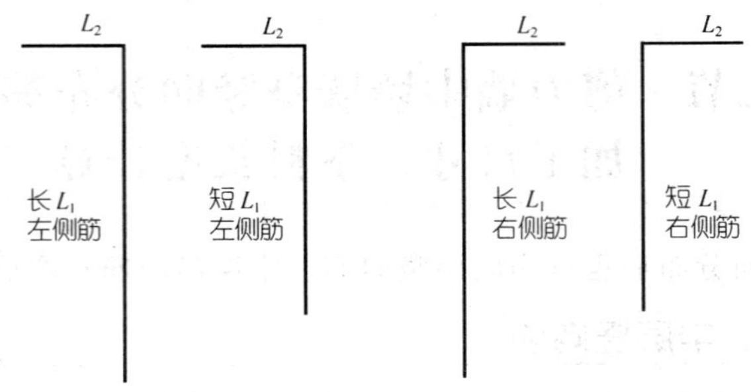

图 3-5-12　中墙顶层竖向筋为 HRB335、HRB400、RRB400 时的绑扎搭接加工尺寸示意图

①长筋

加工尺寸：

$$L_1 = 层高 - 顶层现浇板保护层厚$$

$$L_2 = L_{aE} - 顶层现浇板厚 + 顶层现浇板保护层厚$$

下料长度：

$$L = L_1 + L_2 - 90°量度差值$$

②短筋

加工尺寸：

$$L_1 = 层高 - (1.2L_{aE} + 500) - 顶层现浇板保护层厚$$

$$L_2 = L_{aE} - 顶层现浇板厚 + 顶层现浇板保护层厚$$

下料长度：

$$L = L_1 + L_2 - 90°量度差值$$

2. 抗震等级为三、四级及非抗震等级且 $d \leqslant 28$mm

此条件下，无、长短筋之分，左右侧筋计算相同。

（1）中墙顶层竖向筋为 HPB235 时（图 3-5-13）

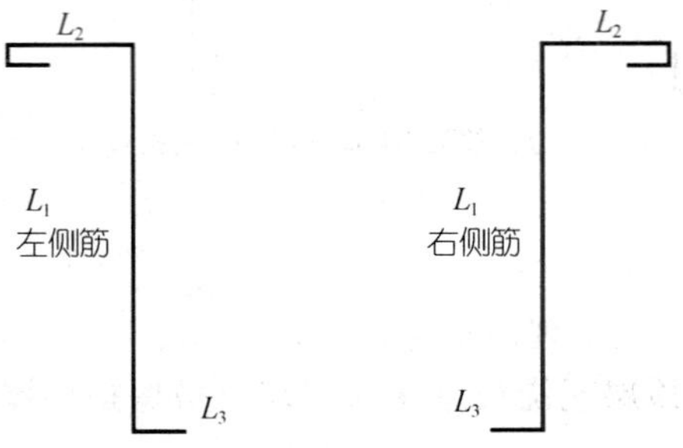

图 3-5-13　中墙顶层竖向筋为 HPB235 时的绑扎搭接加工尺寸示意图

加工尺寸：

$$L_1 = 层高 - 顶层现浇板保护层厚$$

$$L_2 = L_{aE}(L_a) - 顶层现浇板厚 + 顶层现浇板保护层厚$$

$$L_3 = 5d$$

下料长度：

$$L = L_1 + L_2 + L_3 + 6.25d - 2 \times 90°\text{量度差值}$$

（2）中墙顶层竖向筋为 HRB335、HRB400、RRB400 时（图 3-5-14）

加工尺寸：

L_1 = 层高 - 顶层现浇板保护层厚

$L_2 = L_{aE}$（L_a）- 顶层现浇板厚 + 顶层现浇板保护层厚

下料长度：

$$L = L_1 + L_2 - 90°\text{量度差值}$$

L2
L1
左侧筋
L2
L1
右侧筋

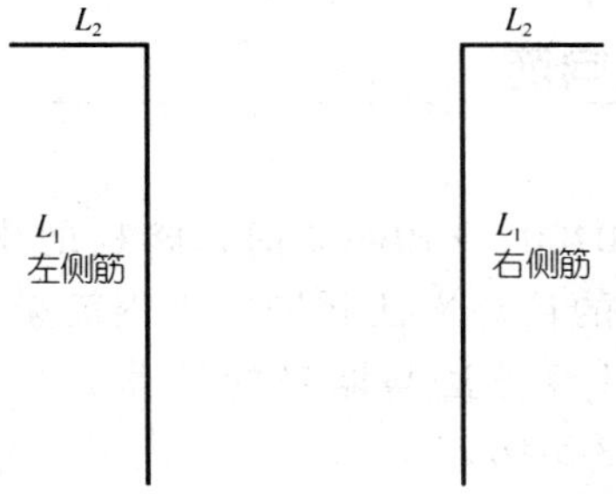

图 3-5-14 中墙顶层竖向筋为 HRB335、HRB400、RRB400 时的绑扎搭接加工尺寸示意图

（二）机械连接

抗震等级为一～四级及非抗震等级且 $d > 28$mm 时，竖向筋的加工尺寸、下料长度计算如下（图 3-5-15）。

L2
长 L1
左侧筋
L2
短 L1
左侧筋
L2
长 L1
右侧筋
L2
短 L1
右侧筋

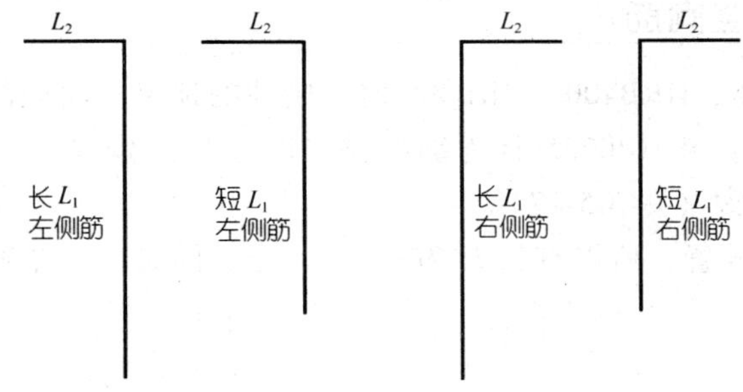

图 3-5-15 钢筋机械连接加工尺寸示意图

此条件下，无长、短筋之分，左、右侧筋计算相同。

①长筋

加工尺寸：

L_1 = 层高 - 500 - 顶层现浇板保护层厚

$L_2 = L_{aE}$（L_a）- 顶层现浇板厚 + 顶层现浇板保护层厚

下料长度：

$$L = L_1 + L_2 - 90°\text{量度差值}$$

②短筋

加工尺寸：

L_1 = 层高 -（$35d + 500$）- 顶层现浇板保护层厚

$$L_2 = L_{aE}\ (L_a)\ - 顶层现浇板厚 + 顶层现浇板保护层厚$$

下料长度：

$$L = L_1 + L_2 - 90°量度差值$$

第三节 剪力墙暗柱竖向筋的加工尺寸、下料长度计算

在剪力墙中，根据结构或构造上的需要，加设箍筋，成为暗柱。(暗柱中的箍筋计算同框架柱中的箍筋计算)

一 暗柱的中、底层竖向筋

当钢筋采用 HRB335、HRB400、RRB400 时，暗柱的中、底层竖向筋的计算方法与墙身的计算方法相同。当钢筋采用 HPB235 且为绑扎搭接时，其计算方法与墙身的计算方法类似，只是两端有 180°弯钩（图 3-5-16）。

当钢筋采用 HPB235 且为绑扎搭接时：

加工尺寸：

$$L_1 = 层高 + 1.2L_{aE}(或非抗震\ 1.2L_a)$$

下料尺寸：

$$L = L_1 + 2 \times 6.25d$$

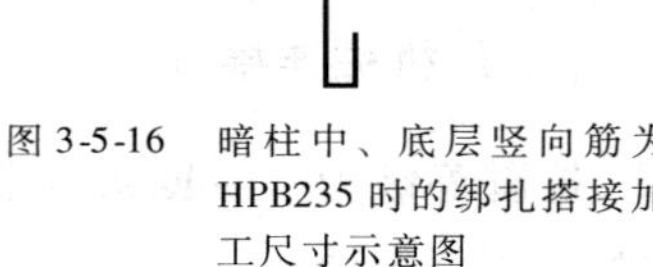

图 3-5-16　暗柱中、底层竖向筋为 HPB235 时的绑扎搭接加工尺寸示意图

二 暗柱的顶层竖向筋

当钢筋采用 HRB335、HRB400、RRB400 时，暗柱的顶层竖向筋的计算方法与外墙身的计算方法相同。当钢筋采用 HPB235 且为绑扎搭接时，其计算方法与外墙身的计算方法类似，只是两端有 180°弯钩（图 3-5-17）。

由于长、短筋交替放置，所以有长 L_1 和短 L_1 之分，同时也有左侧筋和右侧筋之分。

(1) 长左侧筋

加工尺寸：

$$L_1 = 层高 - 顶层现浇板保护层厚$$

$$L_2 = L_{aE} - 顶层现浇板厚 + 顶层现浇板保护层厚$$

下料长度：

$$L = L_1 + L_2 + 2 \times 6.25d - 90°量度差值$$

(2) 短左侧筋

加工尺寸：

$$L_1 = 层高 - (1.2L_{aE} + 500) - 顶层现浇板保护层厚$$

$$L_2 = L_{aE} - 顶层现浇板厚 + 顶层现浇板保护层厚$$

下料长度：

$$L = L_1 + L_2 + 2 \times 6.25d - 90°量度差值$$

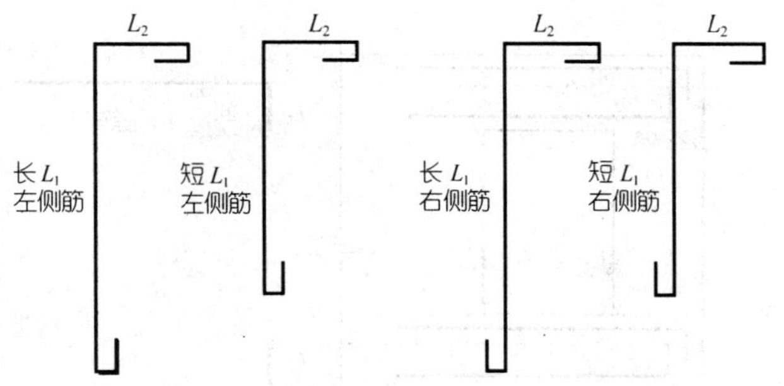

图 3-5-17　暗柱顶层竖向筋为 HPB235 时的绑扎搭接示意图

（3）长右侧筋

加工尺寸：

L_1 = 层高 − 顶层现浇板保护层厚 − （30 + d）

L_2 = L_{aE} − 顶层现浇板厚 + 顶层现浇板保护层厚 + （30 + d）

下料长度：

$L = L_1 + L_2 + 2 \times 6.25d - 90°$量度差值

（4）短右侧筋

加工尺寸：

L_1 = 层高 − （$1.2L_{aE}$ + 500） − 顶层现浇板保护层厚 − （30 + d）

L_2 = L_{aE} − 顶层现浇板厚 + 顶层现浇板保护层厚 + （30 + d）

下料长度：

$L = L_1 + L_2 + 2 \times 6.25d - 90°$量度差值

第四节　剪力墙端柱钢筋的加工尺寸、下料长度计算

如果在墙的尽端，厚度加宽，添加纵筋加设箍筋，这便是端柱。剪力墙端柱中的钢筋计算同框架柱中的钢筋计算。

第五节　连梁钢筋的加工尺寸、下料长度计算

一　墙端部洞口连梁

在墙的端部和剪力墙浇筑成一体的门窗钢筋过梁，叫“连梁”，如图 3-5-18 所示。位于墙顶的叫墙顶连梁。

加工尺寸：

L_1 = ≥$0.4L_{aE}$（L_a）（伸至柱外侧纵筋内边） + 跨度 + max｛L_{aE}（L_a），600｝

$L_2 = 15d$

下料尺寸：

$L = L_1 + L_2 - 90°$量度差值

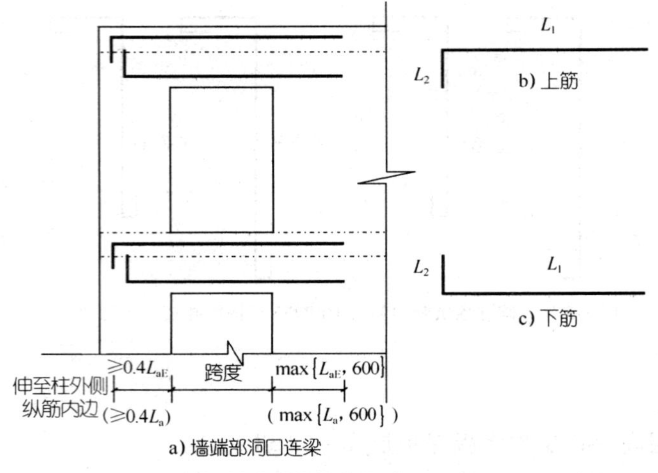

图 3-5-18 连梁钢筋连接及加工尺寸示意图

二 单洞口连梁（单跨）

单洞口连梁（单跨）钢筋连接示意见图 3-5-19。

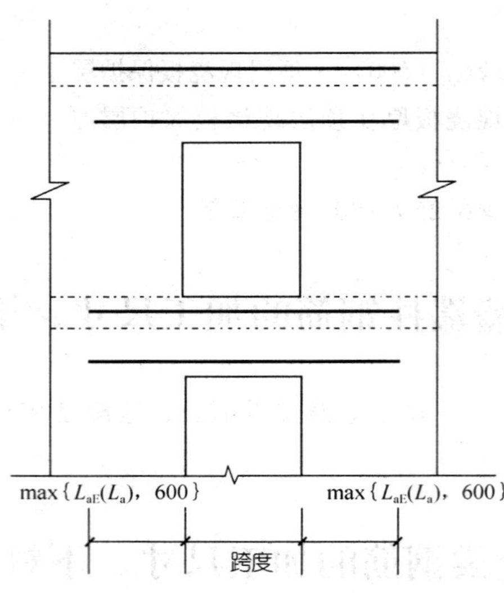

图 3-5-19 单洞口连梁（单跨）钢筋连接示意图

加工尺寸、下料长度：

$$L = 单洞口跨度 + 2\max\{L_{aE}\ (L_a),\ 600\}$$

三 双洞口连梁（双跨）

双洞口连梁（双跨）钢筋连接示意见图 3-5-20。

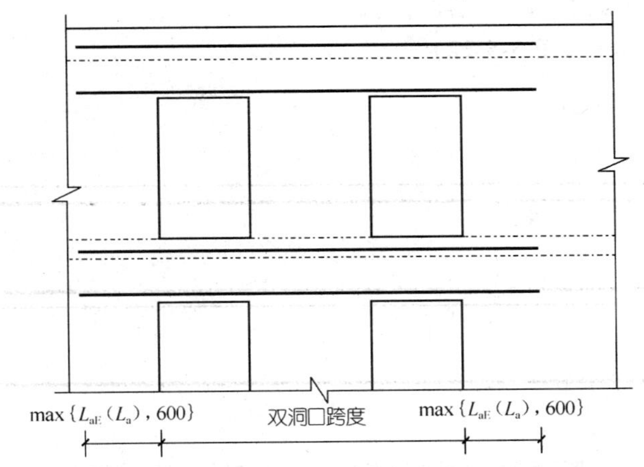

图 3-5-20　双洞口连梁（双跨）钢筋连接示意图

加工尺寸、下料长度：

$$L = 双洞口跨度 + 2\max\{L_{aE}(L_a),600\}$$

第六节　剪力墙水平分布筋的加工尺寸、下料长度计算

一　端部无暗柱时剪力墙水平分布筋计算

1. 水平筋锚固（一）——U 形筋（图 3-5-21）

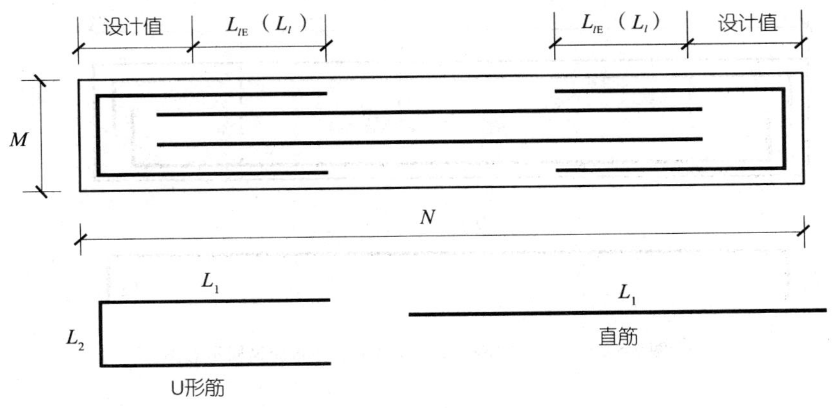

图 3-5-21　端部无暗柱时剪力墙水平筋锚固（一）示意图

加工尺寸：

$$L_1 = 设计值 + L_{lE}（L_l）-保护层厚$$

$$L_2 = 墙厚\ M - 2倍保护层厚$$

下料长度：

$$L = 2L_1 + L_2 - 2\times 90°量度差值$$

2. 水平筋锚固（一）——直筋（图 3-5-21）

加工尺寸、下料长度：

$L = L_1 =$ 墙长 $N - 2$ 倍设计值

3. 水平筋锚固（二）（图 3-5-22）

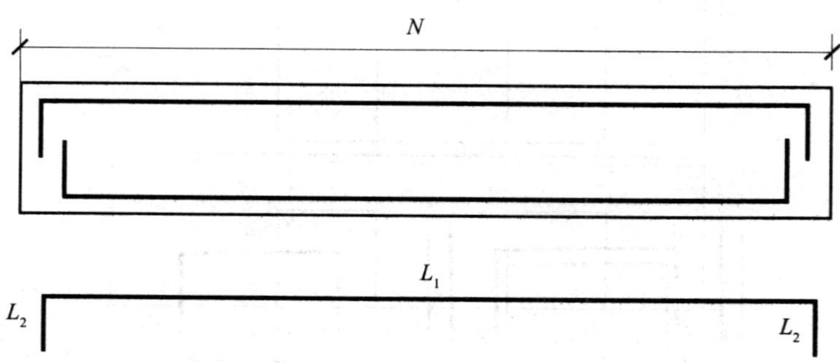

图 3-5-22　无暗柱时剪力墙水平筋锚固（二）示意图

加工尺寸：

$L_1 =$ 墙长 $N - 2$ 倍保护层厚

$L_2 = 15d$

下料长度：

$L = L_1 + L_2 - 90°$量度差值

 端部有暗柱时剪力墙水平分布筋计算

端部有暗柱时剪力墙水平分布筋锚固示意见图 3-5-23。

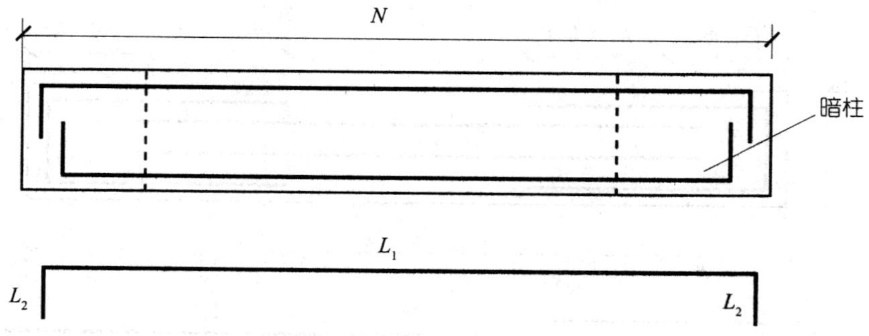

图 3-5-23　端部有暗柱时剪力墙水平分布筋锚固示意图

加工尺寸：

$L_1 =$ 墙长 $N - 2$ 倍保护层厚 $- 2d$（d 为竖向纵筋直径）

$L_2 = 15d$

下料长度：

$L = L_1 + L_2 - 90°$量度差值

 闭合墙水平分布筋计算

闭合墙水平分布筋锚固示意见图 3-5-24。

1. 墙外侧筋

加工尺寸：

$$L_1 = 墙M - 2倍保护层厚$$
$$L_2 = 墙N - 2倍保护层厚$$

下料长度：

$$L = 2L_1 + 2L_2 - 4 \times 90°量度差值$$

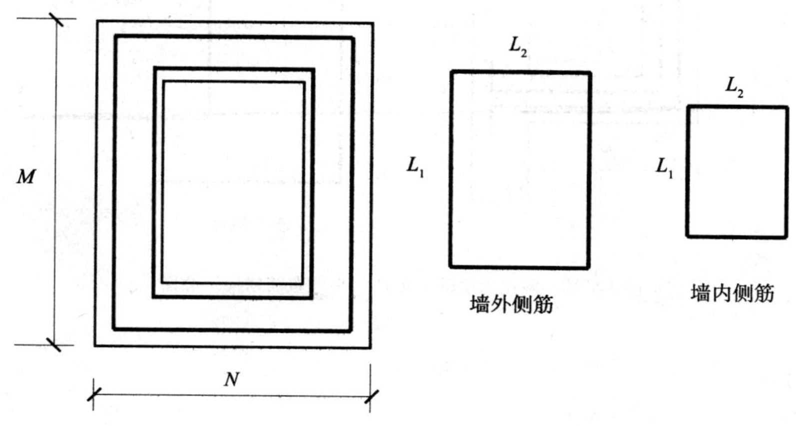

图 3-5-24　闭合墙水平分布筋锚固示意图

2. 墙内侧筋

加工尺寸：

$$L_1 = 墙M - 墙厚 + 2倍保护层厚 + 2d$$
$$L_2 = 墙N - 墙厚 + 2倍保护层厚 + 2d$$

下料长度：

$$L = 2L_1 + 2L_2 - 4 \times 90°量度差值$$

★注意：

L_1、L_2 尺寸较长时，如果是内外筋，可在墙中间按 L_{lE}（L_l）搭接接长，但沿高度应每隔一根错开 500mm 接长。如果是上下相邻筋，可在墙中间按 $1.2L_{aE}$（$1.2L_a$）搭接接长，但上下相邻两排水平筋应间隔 500mm 交错搭接。

有纵横墙时，水平分布筋也可分解设置，按纵墙或横墙分别下料，即按两端为墙的水平分布筋计算。

四　两端为墙的 L 形墙水平分布筋计算

两端为墙的 L 形墙水平分布筋锚固示意见图 3-5-25。

1. 墙外侧筋

加工尺寸：

$$L_1 = 墙M - 保护层厚 + 0.4L_{aE}（0.4L_a）伸至对边$$
$$L_2 = 墙N - 保护层厚 + 0.4L_{aE}（0.4L_a）伸至对边$$
$$L_3 = 15d$$

下料长度：

$$L = L_1 + L_2 + 2L_3 - 3 \times 90°\text{量度差值}$$

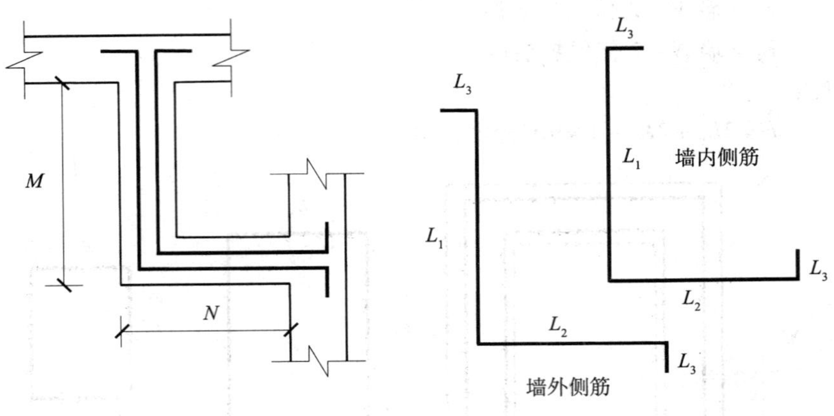

图 3-5-25　两端为墙的 L 形墙水平分布筋锚固示意图

2. 墙内侧筋

加工尺寸：

L_1 = 墙 M − 墙厚 + 保护层厚 + $0.4L_{aE}$（$0.4L_a$）伸至对边

L_2 = 墙 N − 墙厚 + 保护层厚 + $0.4L_{aE}$（$0.4L_a$）伸至对边

$L_3 = 15d$

下料长度：

$$L = L_1 + L_2 + 2L_3 - 3 \times 90°\text{量度差值}$$

五 两端为墙的 U 形墙水平分布筋计算

两端为墙的 U 形墙水平分布筋锚固示意见图 3-5-26。

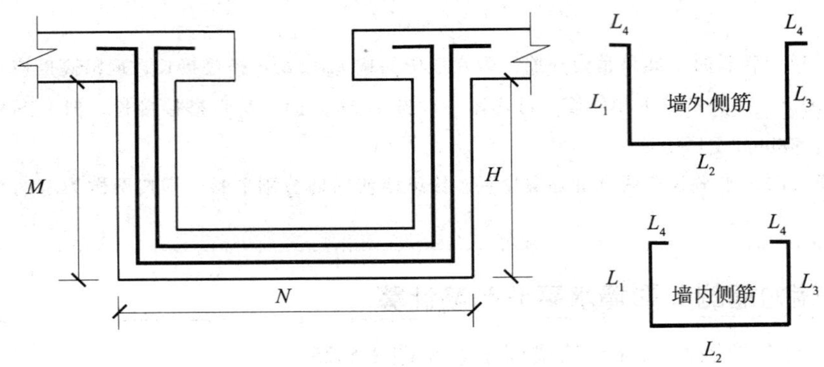

图 3-5-26　两端为墙的 U 形墙水平分布筋错固示意图

1. 墙外侧筋

加工尺寸：

L_1 = 墙 M − 保护层厚 + $0.4L_{aE}$（$0.4L_a$）伸至对边

L_2 = 墙 N − 2 倍保护层厚

L_3 = 墙 H - 保护层厚 + $0.4L_{aE}$（$0.4L_a$）伸至对边

$L_4 = 15d$

下料长度：

$L = L_1 + L_2 + L_3 + 2L_4 - 4 \times 90°$量度差值

2. 墙内侧筋

加工尺寸：

L_1 = 墙 M - 墙厚 + 保护层厚 + $0.4L_{aE}$（$0.4L_a$）伸至对边

L_2 = 墙 N - 2 倍墙厚 + 2 倍保护层厚

L_3 = 墙 H - 墙厚 + 保护层厚 + $0.4L_{aE}$（$0.4L_a$）伸至对边

$L_4 = 15d$

下料长度：

$L = L_1 + L_2 + L_3 + 2L_4 - 4 \times 90°$量度差值

六 两端为转角墙的外墙水平分布筋计算

两端为转角墙的外墙水平分布筋锚固示意见图 3-5-27。

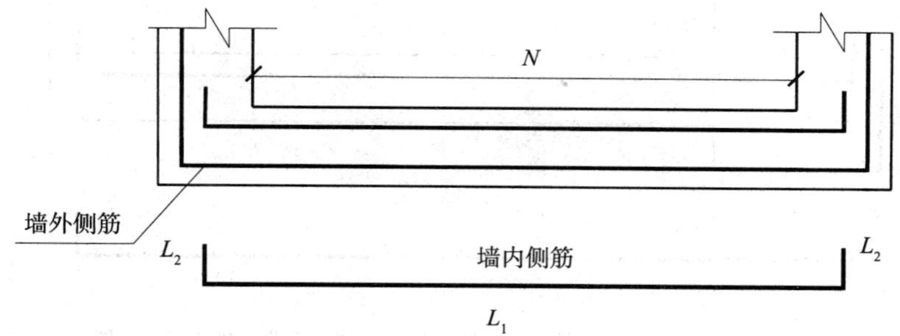

图 3-5-27 两端为转角墙的外墙水平分布筋锚固示意图

1. 墙内侧筋

加工尺寸：

L_1 = 墙长 $N + 2 \times 0.4L_{aE}$（$0.4L_a$）伸至对边

$L_2 = 15d$

下料长度：

$L = L_1 + 2L_2 - 2 \times 90°$量度差值

2. 墙外侧筋

墙外侧水平分布筋的计算方法同闭合墙水平分布筋外侧筋计算。

七 两端为墙的室内墙水平分布筋计算

两端为墙的室内墙水平分布筋锚固示意见图 3-5-28。

加工尺寸：

L_1 = 墙长 $N + 2 \times 0.4L_{aE}$（$0.4L_a$）伸至对边

$L_2 = 15d$

下料长度：

$L = L_1 + 2L_2 - 2 \times 90°$量度差值

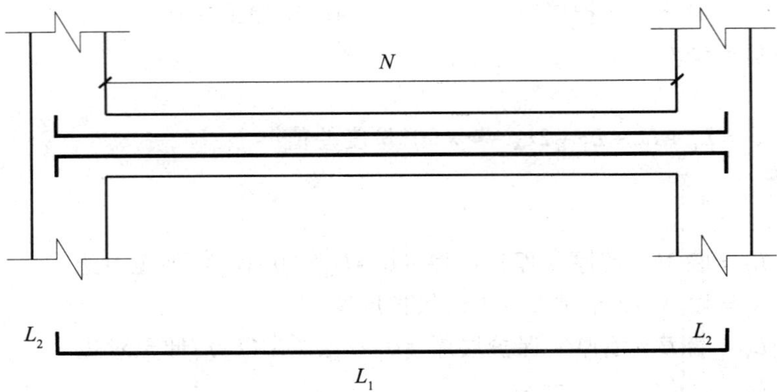

图 3-5-28 两端为墙的室内墙水平分布筋锚固示意图

八 一端为柱、另一端为墙的外墙内侧水平分布筋计算

一端为柱、另一端为墙的外墙内侧水平分布筋锚固示意见图 3-5-29。

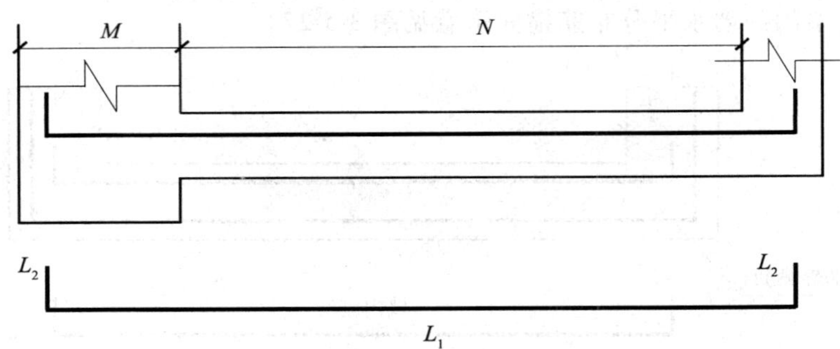

图 3-5-29 一端为柱、另一端为墙的外墙内侧水平分布筋锚固示意图

1. 内侧水平分布筋在端柱中弯锚

如图 3-5-29 所示，M – 保护层厚 $< L_{aE}$ 或 L_a 时，内侧水平分布筋在端柱中弯锚。

加工尺寸：

$$L_1 = \text{墙长 } N + 2 \times 0.4L_{aE}\ (0.4L_a)\ \text{伸至对边}$$

$$L_2 = 15d$$

下料长度：

$$L = L_1 + 2L_2 - 2 \times 90°\text{量度差值}$$

2. 内侧水平分布筋在端柱中直锚

如图 3-5-29 所示，M – 保护层厚 $> L_{aE}$ 或 L_a 时，内侧水平分布筋在端柱中直锚，此时钢筋左侧没有 L_2。

加工尺寸：

$$L_1 = \text{墙长 } N + 0.4L_{aE}\ (0.4L_a)\ \text{伸至对边} + L_{aE}\ (L_a)$$

$$L_2 = 15d$$

下料长度：

$$L = L_1 + L_2 - 90°\text{量度差值}$$

九 一端为柱、另一端为墙的L形外墙水平分布筋计算

一端为柱、另一端为墙的L形外墙水平分布筋锚固示意见图3-5-30。

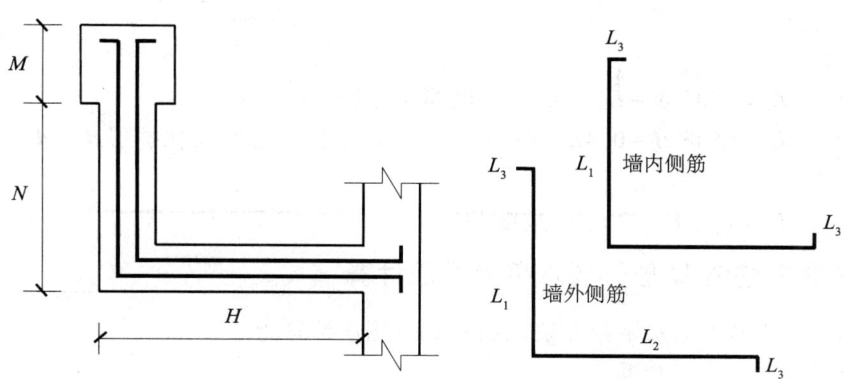

图3-5-30 一端为柱、另一端为墙的L形外墙水平分布筋锚固示意图

1. 墙外侧水平分布筋计算

(1) 墙外侧水平分布筋在端柱中弯锚

如图3-5-30所示，M－保护层厚 $< L_{aE}$或L_a时，外侧水平分布筋在端柱中弯锚。

加工尺寸：

L_1 = 墙长 $N + 0.4L_{aE}$ ($0.4L_a$) 伸至对边－保护层厚

L_2 = 墙长 $H + 0.4L_{aE}$ ($0.4L_a$) 伸至对边－保护层厚

$L_3 = 15d$

下料长度：

$L = L_1 + L_2 + 2L_3 - 3 \times 90°$量度差值

(2) 墙外侧水平分布筋在端柱中直锚

如图3-5-30所示，M－保护层厚 $> L_{aE}$或L_a时，外侧水平分布筋在端柱中直锚，此处没有L_3。

加工尺寸：

L_1 = 墙长 $N + L_{aE}$ (L_a) －保护层厚

L_2 = 墙长 $H + 0.4L_{aE}$ ($0.4L_a$) 伸至对边－保护层厚

下料长度：

$L = L_1 + L_2 - 2 \times 90°$量度差值

2. 墙内侧水平分布筋计算

(1) 墙内侧水平分布筋在端柱中弯锚

如图3-5-30所示，M－保护层厚 $< L_{aE}$或L_a时，内侧水平分布筋在端柱中弯锚。

加工尺寸：

L_1 = 墙长 $N + 0.4L_{aE}$ ($0.4L_a$) 伸至对边－墙厚＋保护层厚＋d

L_2 = 墙长 $H + 0.4L_{aE}$ ($0.4L_a$) 伸至对边－墙厚＋保护层厚＋d

$L_3 = 15d$

下料长度：

$L = L_1 + L_2 + 2L_3 - 3 \times 90°$量度差值

（2）墙内侧水平分布筋在端柱中直锚

如图 3-5-30 所示，M - 保护层厚 $> L_{aE}$ 或 L_a 时，外侧水平分布筋在端柱中直锚，此处没有 L_3。

加工尺寸：

L_1 = 墙长 $N + L_{aE}$（L_a） - 墙厚 + 保护层厚 + d

L_2 = 墙长 $H + 0.4L_{aE}$（$0.4L_a$）伸至对边 - 墙厚 + 保护层厚 + d

下料长度：

$L = L_1 + L_2 - 2 \times 90°$量度差值

 两端为柱的 U 形外墙水平分布筋计算

两端为柱的 U 形外墙水平分布筋锚固示意见图 3-5-31。

1. 墙外侧水平分布筋计算

（1）墙外侧水平分布筋在端柱中弯锚

如图 3-5-31 所示，M - 保护层厚 $< L_{aE}$ 或 L_a 及 K - 保护层厚 $< L_{aE}$ 或 L_a 时，外侧水平分布筋在端柱中弯锚。

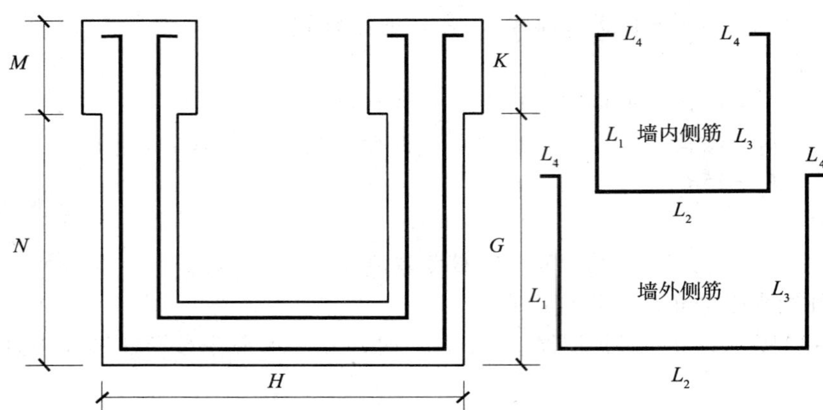

图 3-5-31　两端为柱的 U 形外墙水平分布筋锚固示意图

加工尺寸：

L_1 = 墙长 $N + 0.4L_{aE}$（$0.4L_a$）伸至对边 - 保护层厚

L_2 = 墙长 H - 2 倍保护层厚

L_3 = 墙长 $G + 0.4L_{aE}$（$0.4L_a$）伸至对边 - 保护层厚

$L_4 = 15d$

下料长度：

$L = L_1 + L_2 + L_3 + 2L_4 - 4 \times 90°$量度差值

（2）墙外侧水平分布筋在端柱中直锚

如图 3-5-31 所示，M - 保护层厚 $> L_{aE}$ 或 L_a 及 K - 保护层厚 $> L_{aE}$ 或 L_a 时，外侧水平分布筋在端柱中直锚，此处没有 L_4。

加工尺寸：

L_1 = 墙长 $N + L_{aE}$（L_a）－保护层厚

L_2 = 墙长 $H - 2$ 倍保护层厚

L_3 = 墙长 $G + L_{aE}$（L_a）－保护层厚

下料长度：

$$L = L_1 + L_2 + L_3 - 2 \times 90°\text{量度差值}$$

2. 墙内侧水平分布筋计算

（1）墙内侧水平分布筋在端柱中弯锚

如图 3-5-31 所示，M－保护层厚 $< L_{aE}$或 L_a 及 K－保护层厚 $< L_{aE}$或 L_a 时，内侧水平分布筋在端柱中弯锚。

加工尺寸：

L_1 = 墙长 $N + 0.4L_{aE}$（$0.4L_a$）伸至对边－墙厚＋保护层厚＋d

L_2 = 墙长 $H - 2$ 倍墙厚＋2 倍保护层厚＋$2d$

L_3 = 墙长 $G + 0.4L_{aE}$（$0.4L_a$）伸至对边－墙厚＋保护层厚＋d

$L_4 = 15d$

下料长度：

$$L = L_1 + L_2 + L_3 + 2L_4 - 4 \times 90°\text{量度差值}$$

（2）墙内侧水平分布筋在端柱中直锚

如图 3-5-31 所示，M－保护层厚 $> L_{aE}$或 L_a 及 K－保护层厚 $> L_{aE}$或 L_a 时，外侧水平分布筋在端柱中直锚，此处没有 L_4。

加工尺寸：

L_1 = 墙长 $N + L_{aE}$（L_a）－墙厚＋保护层厚＋d

L_2 = 墙长 $H - 2$ 倍墙厚＋2 倍保护层厚＋$2d$

L_3 = 墙长 $G + L_{aE}$（L_a）－墙厚＋保护层厚＋d

下料长度：

$$L = L_1 + L_2 + L_3 - 2 \times 90°\text{量度差值}$$

注：剪力墙中的拉筋计算同框架梁中的拉筋计算。

参 考 文 献

[1] 中华人民共和国建设部. GB/T 50001—2001 房屋建筑制图统一标准. 北京：中国计划出版社，2002.

[2] 中华人民共和国建设部. GB/T 50105—2001 房屋结构制图统一标准. 北京：中国计划出版社，2002.

[3] 中华人民共和国建设部. GB/T 50010—2002 混凝土结构设计规范. 北京：中国建筑工业出版社，2002.

[4] 中国建筑标准设计研究院. 03G101-1 混凝土结构施工图平面整体表示方法制图规则和构造详图. 北京：中国计划出版社，2008.

[5] 中国建筑标准设计研究院. 03G101-2 混凝土结构施工图平面整体表示方法制图规则和构造详图. 北京：中国计划出版社，2006.

[6] 姜庆远. 怎样看懂土建施工图. 北京：机械工业出版社，2003.

[7] 王全凤. 快速识读钢筋混凝土结构施工图. 福州：福建科学技术出版社，2006.

[8] 高竞，高韶明，高韶萍，等. 平法制图的钢筋加工下料计算. 北京：中国建筑工业出版社，2005.